计算机类技能型理实一体化新形态系列

网络服务器
搭建、配置与管理
——Windows Server 2019

（微课版）（第5版）

主　编　李谷伟　戴万长

清华大学出版社
北京

内 容 简 介

本书从网络的实际应用出发，按照"项目导向、任务驱动"的教学思路进行教材的编写，是一本基于工作过程导向的工学结合教材。

本书包含 11 个项目，内容包括规划与安装 Windows Server 2019、部署与管理 Active Directory 域服务、管理用户账户和组、配置与管理基本磁盘和动态磁盘，以及配置与管理 DNS 服务器、DHCP 服务器、Web 服务器、FTP 服务器、证书服务器、VPN 服务器、NAT 服务器。每个项目的最后都设计了项目实训及工程案例。本书附带的"管理组策略"等电子活页教学项目和电子活页实训以电子资源形式提供，可向作者索取。

本书既可以作为高等院校技术技能型人才培养的计算机类专业理论与实践一体化教材，也可以作为 Windows Server 2019 系统管理和网络管理的自学指导书。

图书在版编目（CIP）数据

网络服务器搭建、配置与管理：Windows Server 2019：微课版/李谷伟，戴万长主编. —5 版. —北京：清华大学出版社，2024.3（2025.1重印）

（计算机类技能型理实一体化新形态系列）

ISBN 978-7-302-65608-1

Ⅰ.①网… Ⅱ.①李… ②戴… Ⅲ.①Windows 操作系统－网络服务器－教材 Ⅳ.①TP316.86

中国国家版本馆 CIP 数据核字（2024）第 045829 号

责任编辑：张龙卿
封面设计：刘代书　陈昊靓
责任校对：李　梅
责任印制：曹婉颖

出版发行：清华大学出版社
　　　　网　　址：https://www.tup.com.cn，https://www.wqxuetang.com
　　　　地　　址：北京清华大学学研大厦 A 座　　　　邮　　编：100084
　　　　社 总 机：010-83470000　　　　邮　　购：010-62786544
　　　　投稿与读者服务：010-62776969，c-service@tup.tsinghua.edu.cn
　　　　质量反馈：010-62772015，zhiliang@tup.tsinghua.edu.cn
　　　　课件下载：https://www.tup.com.cn，010-83470410
印 装 者：三河市天利华印刷装订有限公司
经　　销：全国新华书店
开　　本：185mm×260mm　　　　印　　张：21.25　　　　字　　数：486 千字
版　　次：2010 年 11 月第 1 版　　2024 年 5 月第 5 版　　印　　次：2025 年 1 月第 2 次印刷
定　　价：69.00 元

产品编号：105571-01

前　言

1. 编写背景

习近平总书记在党的二十大报告中指出"科技是第一生产力、人才是第一资源、创新是第一动力"。大国工匠和高技能人才作为人才强国战略的重要组成部分,在现代化国家建设中起着重要的作用。

网络强国是国家的发展战略。要实现网络强国,不但要在网络技术上领先和创新,而且要确保网络不受国内外敌对势力的攻击,保障应用系统正常运营。因此,网络技能型人才的培养显得尤为重要。

《网络服务器搭建、配置与管理——Windows Server 2016(第 4 版)(微课版)》自出版以来,已重印多次,鉴于未来的几年中 Windows Server 2019 将逐渐替代 Windows Server 2016 而成为企业应用的首选 Windows 服务器操作系统,以及目前 Windows Server 2019 教材严重缺乏的现状,根据教育部发布的教育信息化 2.0 行动计划、精品在线开放课程建设、"三教"改革及金课建设要求,结合计算机领域发展及广大读者的反馈意见,在保留原书特色的基础上,采用"纸质教材＋电子活页"的形式对教材进行了全面修订,即利用互联网技术扩充教材内容,在纸质教材外增加包含视频、音频、作业、试卷、拓展资源、主题讨论、扩展的项目实训视频等数字资源,实现纸质教材三年修订、电子活页随时增减和修订的目标。

2. 本书特点

本书共包含 11 个项目,最大的特色是"易教易学",音、视频等配套教学资源丰富。

(1) 落实立德树人根本任务,坚定文化自信,践行二十大报告精神。充分认识党的二十大报告提出的"实施科教兴国战略,强化现代人才建设支撑"的精神,落实"加强教材建设和管理"新要求。在保留第 4 版教材已有思政内容的基础上,紧扣二十大精神,采用拓展阅读等形式,无缝融入核高基与国产操作系统、国产操作系统"银河麒麟"、中国的"龙芯"等中国计算机领域发展的重要事件和重要人物,鞭策学生努力学习,引导他们树立正确的世界观、人生观和价值观,帮助他们成为德、智、体、美、劳全面发展的社会主义建设者和接班人。

（2）具有实力雄厚的教材编写队伍。行业专家、微软公司金牌讲师、教学名师、专业负责人跨地区、跨学校联合编写本教材。教材的内容不仅考虑教学的角度，还充分渗透了实际应用中的需求。

（3）创新教材形态。教材融合了互联网新技术，以嵌入二维码的纸质教材为载体，配套有视频、音频、作业、试卷、拓展资源、主题讨论等数字资源，将教材、课堂、教学资源、教法四者融合，实现了线上线下的有机结合，为翻转课堂、混合课程改革奠定了基础。

① 基于工作过程导向的"教、学、做"一体化的编写方式。本书为零基础教程，入门门槛较低，容易上手。采用"微课＋慕课"的方式，通过视频可随时随地进行学习。

② 提供大量企业真实案例，实用性和实践性强，并配有视频教学资源。全书列举的所有示例和实例，读者都可以在自己的实验环境中完整实现。

③ 打造立体化教材。配套的电子资料、教学资源包、微课为教和学提供最大便利。

选用本书的读者，可通过清华大学出版社网站向作者索要授课计划、项目指导书、电子教案、电子课件、课程标准、试卷、拓展提升、项目任务单、实训指导书等相关参考内容。

3. 教学大纲

本书的课内参考学时为 72 学时，其中实训为 44 学时。各项目的参考学时参见学时分配表。

学时分配表

项目编号	课 程 内 容	学时分配	
		讲授	实训
项目 1	规划与安装 Windows Server 2019	2	2
项目 2	部署与管理 Active Directory 域服务	3	4
项目 3	管理用户账户和组	4	4
项目 4	配置与管理基本磁盘和动态磁盘	2	3
项目 5	配置与管理 DNS 服务器	3	4
项目 6	配置与管理 DHCP 服务器	2	4
项目 7	配置与管理 Web 服务器	2	3
项目 8	配置与管理 FTP 服务器	4	4
项目 9	配置与管理证书服务器	2	2
项目 10	配置与管理 VPN 服务器	2	2
项目 11	配置与管理 NAT 服务器	2	2
综合实训			10
学时总计		28	44

另外，本书配有电子活页，可供教师额外讲授，请联系出版社或作者获取。

4. 其他

本书由李谷伟、戴万长主编，杨昊龙、薛立强、杨云担任副主编，浪潮云信息技术股份公司薛立强高级工程师全程参与本书的设计和编写工作。感谢徐培镟、郑泽和刁琦给予的支持和帮助。

编　者

2024 年 1 月

目 录

项目 1　规划与安装 Windows Server 2019

　　某高校组建了学校的校园网,需要架设一台具有 Web、FTP、DNS、DHCP 等功能的服务器为校园网用户提供服务。现需要选择一种既安全又易于管理的网络操作系统。

　　在完成该项目之前,首先应当选定网络中计算机的组织方式;其次根据 Microsoft 系统的要求确定每台计算机应当安装的版本;此后还要对安装方式、安装磁盘的文件系统格式、安装启动方式等进行选择;最终才能开始系统的安装过程。

本项目学习要点

- 了解不同版本的 Windows Server 2019 系统的安装要求。
- 了解并掌握安装 Windows Server 2019 的方法。
- 掌握配置 Windows Server 2019 的方法。
- 掌握添加与管理角色的方法。

1.1　项目基础知识

　　Windows Server 2019 是微软公司于 2018 年 10 月 2 日正式发布的服务器操作系统。它在整体的设计风格与功能上更加接近 Windows 10 操作系统。

1.1.1　Windows Server 2019 的最低安装需求

　　Windows Server 2019 有 4 个版本,即 Windows Server 2019 Standard、Windows Server 2019 Standard (桌面体验)、Windows Server 2019 Datacenter 和 Windows Server 2019 Datacenter(桌面体验)。

　　Windows Server 2019 在 Windows Server 2016 的坚实基础上构建,围绕混合云、安全性、应用程序平台、超融合基础设施(HCI)4 个关键主题实现了很多创新。

　　Windows Server 2019 的最低配置要求如下。

　　(1) 中央处理器(central processing unit,CPU):最少 1.4GHz 的 64 位处理器;支持 NX 或 DEP;支持 CMPXCHG16B、LAHF/SAHF 与 PrefetchW;支持 SLAT(EPT 或 NPT)。

（2）RAM：包含桌面体验的服务器最少需 2GB 内存。

（3）硬盘：最少 32GB 硬盘空间，不支持已经淘汰的 IDE 硬盘（PATA 硬盘）。

1.1.2　安装选项

Windows Server 2019 提供以下 3 种安装选项。

（1）包含桌面体验的服务器。它会安装标准的图形用户界面，并支持所有的服务与工具。由于包含图形用户界面，因此用户可以通过友好的图形化接口与管理工具来管理服务器。这是我们通常选择的选项。

认识 Windows
Server 2019

（2）Server Core。安装完成后的环境没有窗口管理接口，因此只能使用命令提示符（command prompt）、Windows PowerShell 或通过远程计算机来管理此台服务器。有些服务在 Server Core 模式下并不被支持。除非有图形化接口或特殊服务的使用需求，否则这是微软建议的安装选项。

（3）Nano Server。类似于 Server Core，但明显较小，只支持 64 位应用程序与工具。它没有本地登录功能，只能通过远程管理来访问此服务器，已针对私有云和数据中心进行了优化。比起其他选项，它占用的磁盘空间更小，配置速度更快，而且所需的更新和重新启动次数更少。

1.1.3　Windows Server 2019 的安装方式

Windows Server 2019 有多种安装方式，分别适用于不同的环境，选择合适的安装方式可以提高工作效率。除了全新安装外，还有升级安装、远程安装及服务器核心安装。

Windows Server
2019 的安装方式

1.2　项目设计与准备

1.2.1　项目设计

在为学校选择网络操作系统时，首先推荐 Windows Server 2019 网络操作系统。而在安装 Windows Server 2019 网络操作系统时，根据教学环境的不同，可为"教"与"学"分别设计不同的安装方式。

1. 在 VMware 中安装 Windows Server 2019

（1）物理主机安装了 Windows 10 操作系统，计算机名为 Host。

（2）Windows Server 2019 的 DVD-ROM 或映像已准备好。

（3）硬盘大小为 60GB。要求 Windows Server 2019 的安装分区大小为 55GB，文件系统格式为 NTFS，计算机名为 Server1，管理员密码为 P@ssw0rd1，服务器的 IP 地址为

192.168.10.1,子网掩码为 255.255.255.0,DNS 服务器的 IP 地址为 192.168.10.1,默认网关的 IP 地址为 192.168.10.254,属于工作组 COMP。

（4）要求配置桌面环境,关闭防火墙,放行 ping 命令。

（5）该网络拓扑图如图 1-1 所示。

角色：默认网关
主机名：GW1
IP地址：192.168.10.254/24
　　　　192.168.20.254/24
DNS：192.168.10.1
操作系统：Windows Server 2019
工作组名：COMP

角色：物理主机
主机名：Host
IP地址：192.168.10.50/24
操作系统：Windows 10

角色：独立服务器
主机名：Server1
IP地址：192.168.10.1/24
默认网关：192.168.10.254
操作系统：Windows Server 2019
工作组名：COMP

图 1-1　安装 Windows Server 2019 网络拓扑图

2. 使用 Hyper-V 安装 Windows Server 2019

限于篇幅,有关 Hyper-V 的内容请读者查阅作者共享的电子资料。

1.2.2　项目准备

（1）满足硬件要求的计算机 1 台。

（2）Windows Server 2019 相应版本的安装光盘或映像文件。

（3）用纸张记录安装文件的产品密钥(安装序列号),并规划启动盘的大小。

（4）在可能的情况下,在运行安装程序前用磁盘扫描程序扫描所有硬盘,检查硬盘错误并进行修复,否则安装程序运行时检查到有硬盘错误会很麻烦。

（5）如果想在安装过程中格式化 C 盘或 D 盘(建议安装过程中格式化用于安装 Windows Server 2019 系统的分区),需要备份 C 盘或 D 盘中有用的数据。

（6）导出电子邮件账户和通信簿：将 C:\Documents and Settings\Administrator(或自己的用户名)中的"收藏夹"目录复制到其他盘,以备份收藏夹。

提示：全新安装不存在(5)、(6)这两条。

1.3　项　目　实　施

Windows Server 2019 网络操作系统有多种安装方式。下面讲解如何安装与配置 Windows Server 2019。

为了方便教学,下面的安装操作使用 VMware 来完成。

任务 1-1　安装配置 VMware

STEP 1　成功安装 VMware Workstation 16 Pro 后的界面如图 1-2 所示。

图 1-2　虚拟机软件的管理界面

STEP 2　在图 1-2 中，单击"创建新的虚拟机"按钮，并在弹出的"新建虚拟机向导"对话框中选中"典型"单选按钮，如图 1-3 所示，然后单击"下一步"按钮。

图 1-3　"新建虚拟机向导"对话框

STEP 3　选中"稍后安装操作系统。"单选按钮，如图 1-4 所示，然后单击"下一步"按钮。

注意：请一定要选中"稍后安装操作系统"单选按钮。如果选中"安装程序光盘映像文件"单选按钮，并把下载好的 Windows Server 2019 系统的镜像选中，虚拟机会通过默认的安装策略为用户部署最精简的系统，而不会再询问用户安装设置的选项。

图 1-4　选择虚拟机的安装来源

STEP 4　在图 1-5 中，将客户机操作系统的类型选择为 Microsoft Windows，版本为 Windows Server 2019，然后单击"下一步"按钮。

图 1-5　选择操作系统的版本

STEP 5　填写"虚拟机名称"字段，并在选择安装位置之后单击"下一步"按钮，如图 1-6 所示。

注意：安装位置一定要提前规划好，并建好供安装的文件夹。

STEP 6　虚拟机系统"最大磁盘大小"默认值为 60.0GB，为了后期工作方便，建议设置硬盘大小为 200GB，如图 1-7 所示，然后单击"下一步"按钮。

STEP 7　在图 1-8 中单击"自定义硬件"按钮。

图 1-6　命名虚拟机及设置安装路径

图 1-7　设置虚拟机最大磁盘大小

图 1-8　虚拟机的配置界面

STEP 8 在随后出现的图 1-9 所示的界面中,建议将虚拟机系统内存的可用量设置为 2GB,最低不应低于 1GB。根据宿主机的性能设置 CPU 处理器的数量以及每个处理器的核心数量(不能超过宿主机的处理器的核心数),并开启虚拟化功能,然后单击"关闭"按钮,如图 1-10 所示。

图 1-9　设置虚拟机的内存大小

图 1-10　设置虚拟机的处理器参数

7

注意：一般不要选择"虚拟化 CPU 性能计数器"选项，很多计算机不支持。

STEP 9 光驱设备此时应在"使用 ISO 映像文件"中选中了下载好的 Windows Server 2019 系统映像文件，如图 1-11 所示。

图 1-11　设置虚拟机的光驱设备

STEP 10 VMware 为用户提供了 3 种可选的网络连接模式，分别为桥接模式、NAT（network address translation，网络地址转换）模式与仅主机模式。由于本例宿主机是通过路由器自动获取 IP 地址等信息连接到 Internet 的，所以为了使虚拟机也能上网，选择"桥接模式"，如图 1-12 所示。

图 1-12　设置虚拟机的网络适配器

　　注意：选择何种网络连接模式很重要，在每个实训前一定要规划好。请读者特别注意后面每个项目中涉及的网络连接模式。

- 桥接模式：相当于在物理主机与虚拟机网卡之间架设了一座桥梁，从而可以通过物理主机的网卡访问外网。在真机中桥接模式虚拟机网卡对应的物理网卡是 VMnet0。
- NAT 模式：让 VMware 的网络服务发挥路由器的作用，使得通过虚拟机软件模拟的主机可以通过物理主机访问外网。在真机中 NAT 虚拟机网卡对应的物理网卡是 VMnet8。
- 仅主机模式：仅让虚拟机内的主机与物理主机通信，不能访问外网。在真机中仅主机模式模拟网卡对应的物理网卡是 VMnet1。

STEP 11 把 USB 控制器、声卡、打印机等不需要的设备统一移除掉，如图 1-13 所示。移除声卡可以避免在出现输入错误后发出提示声音，确保自己在今后的实验中思绪不被打扰。然后单击"关闭"按钮。

图 1-13　最终的虚拟机配置情况

STEP 12 返回到虚拟机配置向导界面后，单击"完成"按钮。虚拟机的安装和配置顺利完成。当看到图 1-14 所示的界面时，就说明虚拟机已经配置成功了。

图 1-14　虚拟机配置成功的界面

任务 1-2　认识固件类型：UEFI

在图 1-15 中，单击"选项"→"高级"选项，可以看到固件类型默认选择的是 UEFI。那么 UEFI 到底是什么呢？较之传统的固件基本输入/输出系统（basic input output system，BIOS）有什么优点呢？

图 1-15　选择固件类型：UEFI

统一可扩展固件接口（unified extensible firmware interface，UEFI）规范提供并定义了固件和操作系统之间的软件接口。UEFI 取代了 BIOS，增强了可扩展固件接口（extensible firmware interface，EFI），并为操作系统和启动时的应用程序和服务提供了操作环境。

了解 UEFI，需要从 BIOS 说起。BIOS 主要负责开机时检测硬件功能和引导操作系统启动；而 UEFI 相比传统的 BIOS 启动方式，跳过了启动时自检的过程，从而节省了开机时间，如图 1-16 所示。

(a) 传统BIOS运行流程

(b) UEFI运行流程

图 1-16　UEFI 与 BIOS 运行流程

UEFI 启动是一种新的主板引导项,它被看作 BIOS 的继任者。UEFI 最主要的特点是图形界面,更有利于用户对象图形化的操作选择。

如今很多新品计算机都支持 UEFI 启动模式,有的计算机甚至都已抛弃 BIOS 而仅支持 UEFI 启动。不难看出 UEFI 正在取代传统的 BIOS 启动。

任务 1-3 安装 Windows Server 2019 网络操作系统

安装网络操作系统时,计算机的 CPU 需要支持虚拟化技术(virtualization technology,VT)。VT 指的是让单台计算机能够分割出多个独立资源区,并让每个资源区按照需要模拟出系统的一项技术,其本质就是通过中间层实现计算机资源的管理和再分配,让系统资源的利用率最大化。其实只要计算机不是五六年前买的,价格不低于 4000 元,它的 CPU 一般是会支持 VT 的。如果开启虚拟机后依然提示"CPU 不支持 VT 技术"等报错信息,请重启计算机并进入 BIOS 中把 VT 虚拟化功能开启即可。

使用 Windows Server 2019 的引导光盘进行安装是最简单的安装方式。在安装过程中,需要用户干预的地方不多,只需掌握几个关键点即可顺利完成安装。需要注意的是,如果当前服务器没有安装 SCSI 设备或者 RAID 卡,则可以略过相应步骤。

STEP 1 启动安装过程以后,显示图 1-17 所示的"Windows 安装程序"窗口,首先需要选择安装语言及设置输入法。

图 1-17 "Windows 安装程序"窗口

STEP 2 单击"下一步"按钮,接着出现询问是否立即安装 Windows Server 2019 的窗口,单击"现在安装"按钮。在图 1-18 所示的界面中输入产品密钥后单击"下一步"按钮,或者单击"我没有产品密钥"按钮(批量授权或评估版免此步骤)。

11

图 1-18　"现在安装"界面

STEP 3　单击"下一步"按钮，显示图 1-19 所示的"选择要安装的操作系统"对话框。"操作系统"列表框中列出了可以安装的网络操作系统。这里选择 Windows Server 2019 Datacenter（桌面体验），安装 Windows Server 2019 数据中心版。也可以安装标准版。

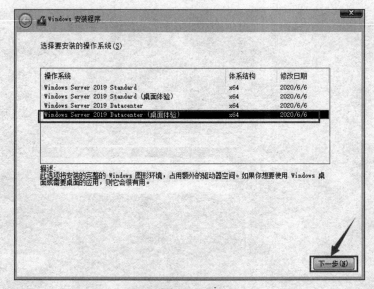

图 1-19　"选择要安装的操作系统"对话框

STEP 4　单击"下一步"按钮，选择"我接受许可条款"接受许可协议；再单击"下一步"按钮，出现图 1-20 所示的"您想进行何种类型的安装？"对话框。其中"升级"用于从 Windows Server 2019 系列升级到 Windows Server 2019，且如果当前计算机没有安装网络操作系统，则该项不可用；"自定义（高级）"用于全新安装。

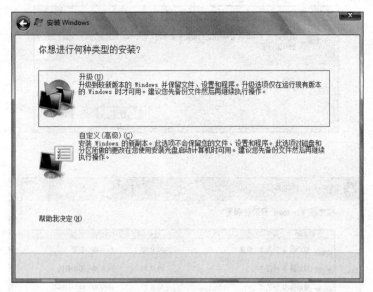

图 1-20　"你想进行何种类型的安装?"对话框

STEP 5　单击"自定义(高级)"按钮,显示图 1-21 所示的"你想将 Windows 安装在哪里?"对话框,显示当前计算机硬盘上的分区信息。如果服务器安装有多块硬盘,则会依次显示为磁盘 0、磁盘 1、磁盘 2……

图 1-21　"你想将 Windows 安装在哪里?"对话框

STEP 6　对硬盘进行分区,单击"新建"按钮,在"大小"文本框中输入分区大小,如100000MB,再单击"应用"按钮,弹出图 1-22 所示的信息提示对话框。单击"确定"按钮,完成系统分区(第 1 个分区)和主磁盘分区(第 2 个分区)的创建。其他分区照此操作。

STEP 7　完成分区创建后的图形界面如图 1-23 所示。

13

图 1-22　创建额外分区的提示信息

图 1-23　完成分区创建后的图形界面

STEP 8 选择"分区 4"来安装操作系统。单击"下一步"按钮，显示图 1-24 所示的"正在安装 Windows"对话框，开始复制文件并安装 Windows。

图 1-24　"正在安装 Windows"对话框

STEP 9 在安装过程中,系统会根据需要自动重新启动。在安装完成之前,要求用户设置 Administrator 的密码,如图 1-25 所示。

图 1-25　提示设置密码

对于账户密码,Windows Server 2019 的要求非常严格,无论是管理员账户还是普通账户,都要求必须设置强密码。除必须满足"至少 6 个字符"和"不包含 Administrator 或 admin"的要求外,还需至少满足以下 4 个条件中的两个。

- 包含大写字母(A、B、C 等)。
- 包含小写字母(a、b、c 等)。
- 包含数字(0、1、2 等)。
- 包含非字母数字字符(♯、&、~等)。

STEP 10 按要求输入密码,然后按 Enter 键,即可完成 Windows Server 2019 的安装。接着按 Alt+Ctrl+Del 组合键,输入管理员密码,就可以正常登录 Windows Server 2019 了。系统默认自动启动"服务器管理器"窗口,如图 1-26 所示。

图 1-26　"服务器管理器"窗口

提示:Windows Admin Center 是本地部署的基于浏览器的应用,用于管理 Windows 服务器、群集、超融合基础设施和 Windows 10 计算机。它是免费产品,可供在生产中使用。

STEP 11 选择 VMware 菜单栏中的"虚拟机"→"安装 VMware Tools"命令，然后在计算机资源管理器中双击"DVD 驱动器（D:）VMware Tools"，如图 1-27 所示。按照向导完成驱动程序的安装后，自动重启计算机。

图 1-27　VMware Tools

注意：在没有安装 VMware Tools 之前，切换鼠标需要同时按下 Ctrl 键和 Alt 键，安装后则无须切换，并可以自由地在宿主机和虚拟机间使用复制和粘贴功能。虽然不安装 VMware Tools 也可以运行客户机操作系统，但很多 VMware 功能只能在安装 VMware Tools 后才能使用。例如，如果未在虚拟机中安装 VMware Tools，则无法从客户机操作系统中获取检测信号信息，或者无法使用工具栏中的关机或重新启动选项。此时只能使用电源选项，并且必须从每个虚拟机控制台中关闭客户机操作系统；也无法使用 VMware Tools 连接和断开虚拟设备以及压缩虚拟磁盘。

STEP 12 激活 Windows Server 2019。单击"开始"菜单，选择"控制面板"→"系统和安全"→"系统"命令，打开图 1-28 所示的"系统"窗口，右下角显示 Windows 激活的状况，

图 1-28　"系统"窗口

可以在此激活 Windows Server 2019 网络操作系统和更改产品密钥。激活功能有助于验证 Windows 的副本是否为正版,以及在多台计算机上使用的 Windows 数量是否已超过 Microsoft 软件许可条款所允许的数量。激活的最终目的在于防止软件伪造。如果不激活,可以试用。

STEP 13 以管理员身份登录计算机 Server1,选择 VMware 菜单栏中的"虚拟机"→"快照"→"拍摄快照"命令,制作计算机安装成功的初始快照,以备后面实训后将系统恢复到初始状态。至此,Windows Server 2019 网络操作系统安装完成,现在就可以使用了。

任务 1-4　配置 Windows Server 2019 网络操作系统

在安装完成后,应先进行一些基本配置,如计算机名、IP 地址、配置自动更新等,这些均可在"服务器管理器"窗口中完成。

1. 更改计算机名

Windows Server 2019 在安装过程中不需要设置计算机名,而是使用由系统随机配置的计算机名。但系统配置的计算机名不仅冗长,而且不便于标记。因此,为了更好地标识和识别服务器,应将其更改为易记或有一定意义的名称。

STEP 1 单击"开始"菜单,在弹出的快捷菜单中依次选择"控制面板"→"系统安全"→"管理工具"→"服务器管理器"命令,或者直接单击左下角的"服务器管理器"按钮，打开"服务器管理器"窗口,再单击左侧的"本地服务器"按钮,如图 1-29 所示。

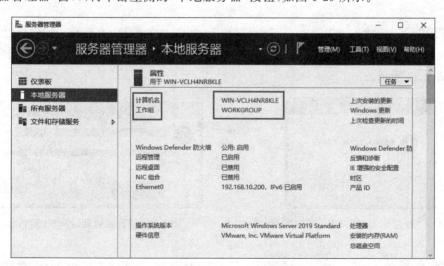

图 1-29　"服务器管理器-本地服务器"窗口

STEP 2 直接单击"计算机名"和"工作组"后面的名称,对计算机名和工作组名进行修改即可。先单击计算机名,出现修改计算机名的对话框,如图 1-30 所示。

STEP 3 单击"更改"按钮,显示图 1-31 所示的"计算机名/域更改"对话框。在"计算机名"文本框中输入新的名称，如 Server1。在"工作组"文本框中可以更改计算机所处的工作组。

图 1-30　"系统属性"对话框

图 1-31　"计算机名/域更改"对话框

STEP 4 单击"确定"按钮，显示"欢迎加入 COMP 工作组"对话框，如图 1-32 所示。单击"确定"按钮，显示"重新启动计算机"对话框，提示必须重新启动计算机才能应用更改，如图 1-33 所示。

图 1-32　"欢迎加入 COMP 工作组"对话框

图 1-33　"重新启动计算机"对话框

STEP 5 单击"确定"按钮，回到"系统属性"对话框，再单击"关闭"按钮，关闭"系统属性"对话框。接着出现对话框，提示必须重新启动计算机以应用更改。

STEP 6 单击"立即重新启动"按钮，即可重新启动计算机，并应用新的计算机名。若单击"稍后重新启动"按钮，则不会立即重新启动计算机。

2. 配置网络

网络配置是提供各种网络服务的前提。Windows Server 2019 安装完成以后,默认为自动获取 IP 地址,自动从网络中的 DHCP 服务器获得 IP 地址。不过,由于 Windows Server 2019 是用来为网络提供服务的,所以通常需要设置静态 IP 地址。另外,还可以配置网络发现、文件共享等功能,实现与网络的正常通信。

(1)配置 TCP/IP。

STEP 1　单击"开始"菜单,选择"控制面板"→"网络和 Internet"→"网络和共享中心"命令,打开图 1-34 所示的"网络和共享中心"窗口。

图 1-34　"网络和共享中心"窗口

STEP 2　单击 Ethernet0 按钮,打开"Ethernet0 状态"对话框,如图 1-35 所示。

图 1-35　"Ethernet0 状态"对话框

STEP 3 单击"属性"按钮，显示图 1-36 所示的"Ethernet0 属性"对话框。Windows Server 2019 中包含 IPv6 和 IPv4 两个版本的 Internet 协议，并且默认都已启用。

STEP 4 在"此连接使用下列项目"选项框中单击"Internet 协议版本 4（TCP/IPv4）"选项，再单击"属性"按钮，显示图 1-37 所示的"Internet 协议版本 4（TCP/IPv4）属性"对话框。选中"使用下面的 IP 地址"单选按钮，分别输入为该服务器分配的 IP 地址、子网掩码、默认网关和 DNS 服务器。如果要通过 DHCP 服务器获取 IP 地址，则保留默认的"自动获得 IP 地址"选项。

图 1-36 "Ethernet0 属性"对话框   图 1-37 "Internet 协议版本 4（TCP/IPv4）属性"对话框

STEP 5 单击"确定"按钮，保存所做的修改。

（2）启用网络发现。Windows Server 2019 的"网络发现"功能用来控制局域网中计算机和设备的发现与隐藏。如果启用"网络发现"功能，则可以显示当前局域网中发现的计算机，也就是"网络邻居"功能。同时，其他计算机也可以发现当前计算机。如果禁用"网络发现"功能，则既不能发现其他计算机，当前计算机也不能被发现。不过，关闭"网络发现"功能时，其他计算机仍可以通过搜索或指定计算机名、IP 地址的方式访问到该计算机，但不会显示在其他用户的"网络邻居"中。

为了便于计算机之间的互相访问，可以启用此功能。在图 1-34 所示的"网络和共享中心"窗口中单击"更改高级共享设置"按钮，出现图 1-38 所示的"高级共享设置"窗口，选中"启用网络发现"单选按钮，并单击"保存更改"按钮，即可启用"网络发现"功能。

提示：如果重启后仍无法启用网络共享，这时请保证运行了 Function Discovery

20

图 1-38　"高级共享设置"窗口

Resource Publication、SSDP Discovery 和 UPnP Device Host 三个服务。注意按顺序手动启动这三个服务后,将其都改为自动启动。"服务"设置工具在服务器管理器的"工具"菜单中。服务的启动方法是:改为"自动"状态后,依次单击"应用"和"确定"按钮。

(3)文件和打印机共享。网络管理员可以通过启用"文件和打印机共享"功能,实现为其他用户提供服务或访问其他计算机上的共享资源的功能。在图 1-38 所示的"高级共享设置"窗口中,选中"启用文件和打印机共享"单选按钮,并单击"保存修改"按钮,即可启用"文件和打印机共享"功能。

(4)密码保护的共享。在图 1-38 所示的窗口中,单击"所有网络"右侧的 ⊙ 按钮,展开"所有网络"的高级共享设置,如图 1-39 所示。

- 可以选中"启用共享以便可以访问网络的用户可以读取和写入公用文件夹中的文件"选项。
- 如果选中"启用密码保护共享"选项,则其他用户必须使用当前计算机上有效的用户账户和密码才可以访问共享资源。Windows Server 2019 默认选中该选项。

3. 配置虚拟内存

在 Windows 中,如果内存不够,系统会把内存中暂时不用的一些数据写到磁盘上,以腾出内存空间给别的应用程序使用;当系统需要这些数据时,再重新把数据从磁盘读回内存中。用来临时存放内存数据的磁盘空间称为虚拟内存。建议将虚拟内存的大小设为实际内存的 1.5 倍,虚拟内存太小会导致系统没有足够的内存运行程序,特别是当实际的内存不大时。下面是设置虚拟内存的具体步骤。

图 1-39　"所有网络"的高级共享设置

STEP 1　单击"开始"菜单,选择"控制面板"→"系统和安全"→"系统"→"高级系统设置"命令,打开"系统属性"对话框,再单击"高级"选项卡,如图 1-40 所示。

图 1-40　"系统属性"对话框

STEP 2 单击"性能"选项区中"设置"按钮,打开"性能选项"对话框,再单击"高级"选项卡,如图 1-41 所示。

STEP 3 单击"更改"按钮,打开"虚拟内存"对话框,如图 1-42 所示,取消勾选"自动管理所有驱动器的分页文件大小"复选框。选中"自定义大小"单选按钮,并设置初始大小为 4000MB,最大值为 6000MB,然后单击"设置"按钮。最后单击"确定"按钮并重启计算机,即可完成虚拟内存的设置。

图 1-41　"性能选项"对话框　　　　　图 1-42　"虚拟内存"对话框

注意:虚拟内存可以分布在不同的驱动器中,总的虚拟内存等于各个驱动器上的虚拟内存之和。如果计算机上有多个物理磁盘,建议把虚拟内存放在不同的磁盘上,以增强虚拟内存的读写性能。虚拟内存的大小可以自定义,即管理员手动指定,或者由系统自行决定。页面文件所使用的文件是根目录下的 pagefile.sys,该文件为隐藏文件,不要轻易删除该文件,否则可能会导致系统崩溃。

4. 设置外观和个性化

在"外观和个性化"窗口中可以对计算机的文件资源管理器选项和字体进行设置,如图 1-43 所示。

5. 配置防火墙,放行 ping 命令

Windows Server 2019 安装后,默认自动启用防火墙,而且 ping 命令默认被阻止,ICMP 协议包无法穿越防火墙。为了后面实训的要求及实际需要,应该设置防火墙,允许

图 1-43　"外观和个性化"窗口

ping 命令通过。若要放行 ping 命令，有以下两种方法。

一是在防火墙设置中新建一条允许 ICMP v4 协议通过的规则，并启用；二是在防火墙设置时，在"入站规则"中启用"文件和打印共享（回显请求-ICMP v4-In）（默认不启用）"的预定义规则。下面介绍第 1 种方法的具体步骤。

STEP 1　单击"开始"菜单，并选择"控制面板"→"系统和安全"→"Windows Defender 防火墙"→"高级设置"命令，在打开的"高级安全 Windows 防火墙"窗口中单击左侧目录树中的"入站规则"选项，如图 1-44 所示。（第 2 种方法在此入站规则中设置即可，请读者自己操作。）

图 1-44　"高级安全 Windows 防火墙"窗口

STEP 2　单击"操作"列的"新建规则"选项，出现"新建入站规则向导"的"规则类型"对话框，选中"自定义"单选按钮，如图 1-45 所示。

24

图 1-45　"规则类型"对话框

　　提示：如果选择"端口"单选按钮，可以设置基于端口的入站规则。比如可以设置端口 2121 允许通过防火墙。请读者做一做。后续在使用多端口建立虚拟网站时，会用到基于端口的入站规则的建立。

　　STEP 3　单击"步骤"列的"协议和端口"选项，如图 1-46 所示，在"协议类型"下拉列表框中单击 ICMPv4 选项。

图 1-46　"协议和端口"对话框

STEP 4　单击"下一步"按钮，在出现的对话框中选择应用于哪些本地 IP 地址和哪些远程 IP 地址。可以选中"任何 IP 地址"单选按钮。

STEP 5　继续单击"下一步"按钮，选择是否允许连接，此处选中"允许连接"单选按钮。

STEP 6　再次单击"下一步"按钮，选择何时应用本规则。

STEP 7　最后单击"下一步"按钮，输入本规则的名称，如 ICMP v4 协议规则。单击"完成"按钮，使新规则生效。

6. 查看系统信息

系统信息包括硬件资源、组件和软件环境等内容。单击"开始"菜单，再选择"控制面板"→"系统安全"→"管理工具"→"系统信息"命令，打开图 1-47 所示的"系统信息"窗口。

图 1-47　"系统信息"窗口

任务 1-5　使用 VMware 的快照和克隆功能

Windows Server 2019 安装完成后，可以使用 VMware 的快照和克隆功能迅速恢复或生成新的计算机，给教学和实训带来极大便利。

STEP 1　将前面安装完成的 Server1 当作母盘，在 VMware 中选中 Server1 虚拟机，选择"虚拟机"→"快照"→"拍摄快照"命令，如图 1-48 所示。

熟练使用 VMware

STEP 2　按照向导生成快照 start1（一步步按向导完成即可，不再赘述）。利用该快照可以随时恢复到系统安装成功的初始状态，对于反复完成实训或排除问题作用很大。

图 1-48　拍摄快照

STEP 3　选中 Server1 虚拟机，选择"虚拟机"→"管理"→"克隆"命令，如图 1-49 所示。

图 1-49　克隆 Server1 后生成 Server3

注意：只有处于关闭状态的虚拟机才可以克隆。

STEP 4　在图 1-50 中填写新虚拟机的名称和位置，单击"完成"按钮，快速生成 Server3 计算机（新虚拟机的位置要提前规划好，如 D:\VM\Win 2019\Server3）。

STEP 5　克隆成功后，启动 Server3 虚拟机，以管理员身份登录计算机。

注意：Server3 与 Server1 的管理员账户和密码相同，因为 Server3 是克隆而来的。

STEP 6　在运行中输入命令 c:\windows\system32\sysprep\sysprep，选中"通用"复选框，如图 1-51 所示。单击"确定"按钮，对 Server3 计算机进行重整，消除克隆的影响。

STEP 7　按照向导完成对 Server3 计算机的重整，并安装 VMware Tools。

27

图 1-50　新虚拟机的名称和位置

图 1-51　消除克隆影响

STEP 8　按照上述方法，分别制作 Server2 和 Server4 两台独立服务器。

STEP 9　制作 Server1、Server2、Server3 和 Server4 的快照，以供后续使用。

1.4　习　　题

一、填空题

1. Windows Server 2019 所支持的文件系统包括_____、_____、_____。
Windows Server 2019 系统只能安装在_____文件系统分区。

2. Windows Server 2019 有多种安装方式,分别适用于不同的环境,选择合适的安装方式可以提高工作效率。除了全新安装外,还有_____、_____及_____。

3. 安装 Windows Server 2019 时,内存至少不低于_____,硬盘的可用空间不低于_____,并且只支持_____位版本。

4. Windows Server 2019 的管理员口令要求必须符合以下条件:①至少 6 个字符;②不包含 Administrator 或 admin;③包含_____、_____、大写字母(A～Z)、小写字母(a～z)4 组字符中的两组。

5. Windows Server 2019 发行的版本主要有 4 个,即_____、_____、_____、_____。

6. 页面文件所使用的文件是根目录下的_____,不要轻易删除该文件,否则可能会导致系统崩溃。

7. 对于虚拟内存的大小,建议为实际内存的_____。

二、选择题

1. 在 Windows Server 2019 系统中,如果要输入 DOS 命令,则在"运行"对话框中输入(　　)。

　　A. CMD　　　　　　　　　　B. MMC
　　C. AUTOEXE　　　　　　　　D. TTY

2. Windows Server 2019 系统安装时生成的 Documents and Settings、Windows 以及 Windows\System32 文件夹是不能随意更改的,因为它们是(　　)。

　　A. Windows 的桌面

　　B. Windows 正常运行时所必需的应用软件文件夹

　　C. Windows 正常运行时所必需的用户文件夹

　　D. Windows 正常运行时所必需的系统文件夹

3. 有一台服务器的网络操作系统是 Windows Server 2016,文件系统是 NTFS,无任何分区。现要求对该服务器进行 Windows Server 2019 的安装,保留原数据,但不保留网络操作系统,应使用下列方法(　　)进行安装才能满足需求。

　　A. 在安装过程中进行全新安装并格式化磁盘

　　B. 对原操作系统进行升级安装,不格式化磁盘

　　C. 做成双引导,不格式化磁盘

　　D. 重新分区并进行全新安装

4. 现要在一台装有 Windows Server 2016 网络操作系统的计算机上安装 Windows Server 2019,并做成双引导系统。此计算机硬盘的大小是 200GB,有两个分区:C 盘 100GB,文件系统是 FAT;D 盘 100GB,文件系统是 NTFS。为使计算机成为双引导系统,以下(　　)选项是最好的方法。

　　A. 安装时选择升级选项,并且选择 D 盘作为安装盘

　　B. 全新安装,选择 C 盘上与 Windows 相同的目录作为 Windows Server 2019 的安装目录

    C. 升级安装，选择 C 盘上与 Windows 不同的目录作为 Windows Server 2019 的安装目录

    D. 全新安装，且选择 D 盘作为安装盘

三、简答题

1. 简述 Windows Server 2019 系统的最低硬件配置需求。
2. 在安装 Windows Server 2019 前有哪些注意事项？
3. 请简述 Windows Server 2019 的版本及最低安装要求。

1.5　项目实训　配置 Windows Server 2019 网络操作系统

一、实训目的

- 掌握 Windows Server 2019 网络操作系统桌面环境的配置方法。
- 掌握 Windows Server 2019 网络操作系统防火墙的配置方法。
- 掌握 Windows Server 2019 网络操作系统控制台的应用。
- 掌握在 Windows Server 2019 网络操作系统中添加角色和功能的方法。

二、项目环境

公司新购进一台服务器，硬盘空间为 500GB。已经安装了 Windows 10 网络操作系统和 VMware Workstation Pro 16，计算机名为 Client1。Windows Server 2019 网络操作系统的映像文件已保存在硬盘上。网络拓扑图参照图 1-2。

三、项目要求

本项目实训要求如下。
（1）在 VMware 中安装 Widows Server 2019 网络操作系统的虚拟机 Server1。
（2）配置桌面环境。
- 更改计算机名。
- 虚拟内存大小设为实际内存的 2 倍。
- 配置网络，并设置服务器的 IP 地址为 192.168.10.20/24，网关的 IP 地址为 192.168.10.254，首选 DNS 服务器的 IP 地址为 192.168.10.1。
- 设置显示属性。
- 查看系统信息。
- 利用"Windows 更新"功能更新 Windows Server 2019 网络操作系统为最新版。
（3）使用规则放行 ping 命令。
（4）使用规则放行通过端口 2121 和端口 8080 的 TCP 流量。
（5）关闭防火墙。

（6）测试物理主机（Host）与虚拟机（Server1）之间的通信。分别演示 3 种网络连接模式下的通信情况，从而总结出 3 种联网方式的区别与应用场所。

（7）根据具体的虚拟机环境演示虚拟机连接到 Internet 的方法和技巧。

（8）使用管理控制台。

（9）添加角色和功能。

（10）以 Server1 为母盘，克隆生成 MS1，使用/windows/system32/sysprep/sysprep.exe 命令重整 MS1，并安装 VMware Tools。

（11）制作 MS1 的快照，以备后续项目使用。

四、做一做

读者独立完成项目实训，检查学习效果。

项目 2　部署与管理 Active Directory 域服务

公司组建的单位内部的办公网络原来是基于工作组方式的,近期由于公司业务发展,人员激增,基于方便和网络安全管理的需要,考虑将基于工作组的网络升级为基于域的网络。现在需要将一台或多台计算机升级为域控制器,并将其他所有计算机加入域成为成员服务器,同时将原来的本地用户账户和组也升级为域用户和组进行管理。

本项目学习要点

- 掌握规划和安装局域网中活动目录的方法。
- 掌握创建目录林根级域的方法。
- 掌握安装额外域控制器的方法。

2.1　项目基础知识

活动目录(active directory,AD)是 Windows Server 网络操作系统中非常重要的目录服务。活动目录用于存储网络上各种对象的有关信息,包括用户账户、组、打印机、共享文件夹等,并把这些数据存储在目录服务数据库中,便于管理员和用户查询及使用。活动目录具有安全、可扩展、可伸缩的特点,活动目录域服务与域名系统(domain name system,DNS)集成在一起,可基于策略进行管理。

2.1.1　认识活动目录及其意义

什么是活动目录呢? 活动目录就是 Windows 网络中的目录服务(directory service),即活动目录域服务(active directory domain services,AD DS)。目录服务有两方面的内容:目录和与目录相关的服务。

活动目录(一)

活动目录负责目录数据库的保存、新建、删除、修改与查询等服务,用户能很容易地在目录内寻找所需的数据。

AD DS 的适用范围非常广泛,它可以用在一台计算机、一个小型局域网络或数个广域网结合的环境中。它包含此范围中的所有对象,如文件、打印机、应用程序、服务器、域控制器和用户账户等。使用活动目录具有以下意义。

（1）简化管理。

（2）提高系统的安全性。

（3）改进系统的性能与可靠性。

活动目录（二）

提示：命名空间、对象和属性、容器、可重新启动的 AD DS、AD 回收站和 AD DS 的复制模式请扫描观看。

2.1.2　认识活动目录的逻辑结构

活动目录结构是指网络中所有用户、计算机以及其他网络资源的层次关系，就像一个大型仓库中分出若干个小储藏间，每个小储藏间分别用来存放东西。通常活动目录的结构可以分为逻辑结构和物理结构，分别包含不同的对象。

活动目录的逻辑结构非常灵活，目录中的逻辑单元通常包括架构、域、组织单位、域目录树、域目录林、站点和目录分区。

1. 架构

AD DS 对象类型与属性数据是定义在架构（schema）内的，例如，它定义了用户对象类型内包含的属性（姓、名、电话等）、每一个属性的数据类型等信息。

隶属于 Schema Admins 组的用户可以修改架构内的数据，应用程序也可以自行在架构内添加其所需的对象类型或属性。在一个林内的所有域树共享相同的架构。

2. 域

域是在 Windows Server 2019 网络环境中组建客户机/服务器网络的实现方式。

3. 组织单位

组织单位（organizational unit，OU）在活动目录中扮演特殊的角色，它是一个当普通边界不能满足要求时创建的边界。组织单位把域中的对象组织成逻辑管理组，而不是安全组或代表地理实体的组。组织单位是应用组策略和委派责任的最小单位。

组织单位是包含在活动目录中的容器对象。创建组织单位的目的是对活动目录对象进行分类。因此组织单位是可将用户、组、计算机和其他单元放入活动目录的容器，组织单位不能包括来自其他域的对象。

使用组织单位，用户可在组织单位中代表逻辑层次结构的域中创建容器，这样就可以根据组织模型管理网络资源的配置和使用。可授予用户对域中某个组织单位的管理权限，组织单位的管理员不需要具有域中任何其他组织单位的管理权。

4. 域目录树

当要配置一个包含多个域的网络时，应该将网络配置成域目录树结构，如图 2-1 所

示。在该域目录树中，最上层的域名为 China.com，是这
个域目录树的根域，也称为父域。下面两个域 Jinan.
China.com 和 Beijing.China.com 是 China.com 域的子域。
3 个域共同构成了这个域目录树。

5. 域目录林

如果网络的规模比前面提到的域目录树还要大，甚至
包含了多个域目录树，就可以将网络配置为域目录林（也
称森林）结构。域目录林由一个或多个域目录树组成，如
图 2-2 所示。域目录林中的每个域目录树都有唯一的命
名空间，它们之间并不是连续的，这一点从图 2-2 的两个目录树中可以看到。

图 2-1　域目录树

图 2-2　域目录林

整个域目录林中也存在一个根域，这个根域是域目录林中最先安装的域。在图 2-2
所示的域目录林中，因为 China.com 是最先安装的，所以这个域是域目录林的根域。

注意：在创建域目录林时，组成域目录林的两个域目录树的树根之间会自动创建相
互的、可传递的信任关系。由于有了双向的信任关系，域目录林中的每个域中的用户都可
以访问其他域的资源，也可以从其他域登录到本域中。

6. 站点

站点由一个或多个 IP 子网组成，这些子网通过高速网络设备连接在一起。

7. 目录分区

AD DS 数据库被逻辑地分为架构目录分区（schema directory partition）、配置目录分
区（configuration directory partition）、域目录分区（domain directory partition）和应用程

序目录分区(application directory partition)4 个目录分区。

2.1.3 认识活动目录的物理结构

活动目录的物理结构与逻辑结构是彼此独立的两个概念。逻辑结构侧重于网络资源的管理,而物理结构则侧重于网络的配置和优化。物理结构的 3 个重要概念是域控制器、只读域控制器和全局编录服务器。

1. 域控制器

域控制器是指安装了活动目录的 Windows Server 2019 的服务器,它保存了活动目录信息的副本。域控制器管理目录信息的变化,并把这些变化复制到同一个域中的其他域控制器上,使各域控制器上的目录信息同步。域控制器负责用户的登录过程以及其他与域有关的操作,如身份鉴定、目录信息查找等。一个域可以有多个域控制器,规模较小的域可以只有两个域控制器,一个实际应用,另一个用于容错性检查,规模较大的域则使用多个域控制器。

域控制器没有主次之分,采用多主机复制模式,每一个域控制器都有一个可写入的目录副本,这为目录信息容错带来了很多的好处。尽管在某个时刻,不同的域控制器中的目录信息可能有所不同,但一旦活动目录中的所有域控制器执行同步操作,最新的变化信息就会一致。

2. 只读域控制器

只读域控制器(read-only domain controller,RODC)的 AD DS 数据库只可以被读取,不可以被修改,也就是说,用户或应用程序无法直接修改 RODC 的 AD DS 数据库。RODC 的 AD DS 数据库的内容只能够从其他可读写的域控制器中复制过来。RODC 主要是设计给远程分公司的网络使用的,因为一般来说,远程分公司的网络规模比较小、用户人数比较少,此网络的安全措施或许并不如总公司完备,也可能缺乏 IT 技术人员,因此采用 RODC 可避免因其 AD DS 数据库被破坏而影响到整个 AD DS 环境。

3. 全局编录服务器

尽管活动目录支持多主机复制模式,然而由于复制引起通信流量以及网络潜在的冲突,变化的传播并不一定能够顺利进行,因此有必要在域控制器中指定全局编录(global catalog,GC)服务器以及操作主机。全局编录是一个信息仓库,包含活动目录中所有对象的部分属性,是在查询过程中访问最为频繁的属性。利用这些信息,可以定位任何一个对象实际所在的位置。全局编录服务器是一个域控制器,它保存了全局编录的一份副本,并执行对全局编录的查询操作。全局编录服务器可以提高活动目录中大范围内对象检索的性能,例如,在域林中查询所有的打印机操作。如果没有全局编录服务器,那么必须调动域林中每一个域的查询过程。如果域中只有一个域控制器,那么它就是全局编录服务器。如果有多个域控制器,那么管理员必须把一个域控制器配置为全局编录服务器。

2.2 项目设计与准备

2.2.1 项目设计

下面利用图 2-3 来说明如何建立第 1 个林中的第 1 个域（根域）。我们将项目 2 安装的 Server1 升级为域控制器并建立域；也将架设此域的第 2 台域控制器（Server2）、第 3 台域控制器（Server3）、第 4 台域控制器（Server4）和一台加入域的成员服务器（MS1），如图 2-3 所示。

角色：第1台域控制器
　　　&DNS服务器
主机名：Server1
IP地址：192.168.10.1/24
DNS:192.168.10.1

角色：第2台域控制器（额外域控）
主机名：Server2
IP地址：192.168.10.2/24
DNS:192.168.10.1

long60.cn

角色：第3台域控制器（RODC）
主机名：Server3
IP地址：192.168.10.3/24
DNS:192.168.10.1

角色：成员服务器
主机名：MS1
IP地址：192.168.10.100/24
DNS:192.168.10.1

角色：第4台域控制器（利用安装介质）
主机名：Server4
IP地址：192.168.10.4/24
DNS:192.168.10.1

图 2-3　AD DS 网络规划拓扑图

提示：建议利用 VMware Workstation 或 Windows Server 2019 Hyper-V 等提供虚拟环境的软件来搭建图 2-3 中的网络环境。若复制（克隆）现有虚拟机，则要记得执行 c:\windows\system32\sysprep\sysprep.exe 命令并勾选"通用"复选框，因为要对新克隆的计算机进行重整后才能正常使用。为了不相互干扰，VMware 的虚拟机的网络连接模式采用"仅主机模式"。

注意：本项目的虚拟机非常多，后面会交叉用到，请在每台服务器升级域控制器前一定做好快照！后面会持续用到这些完成初始安装的快照，切记！若没有做快照，后面继续使用时请降级为成员服务器或独立服务器，不再赘述。初始安装后做快照是个好习惯！

2.2.2 项目准备

要将图 2-3 左上角的服务器 Server1 升级为域控制器（安装 Active Directory 域服务），因为它是第一台域控制器，所以这个升级操作会同时完成下面的工作。

- 建立第一个新林。

- 建立此新林中的第一个域树。
- 建立此新域树中的第一个域。
- 建立此新域中的第一台域控制器。
- 计算机名称 Server1 自动更改为 Server1.long60.cn。

换句话说,在建立图 2-3 中的第一台域控制器 Server1.long60.cn 时,会同时建立此域控制器所隶属的域 long60.cn、域 long60.cn 所隶属的域树,而域 long60.cn 也是此域树的根域。由于是第一个域树,因此它同时会建立一个新林,林名就是第一个域树根域的域名 long60.cn,域 long60.cn 就是整个林的林根域。

我们将通过新建服务器角色的方式,将图 2-3 中左上角的服务器 Server1.long60.cn 升级为网络中的第一台域控制器。

注意：超过一台计算机参与部署环境时,一定要保证各计算机间的通信畅通,否则无法进行后续的工作。当使用 ping 命令测试失败时,有两种可能：一种是计算机间的配置确实存在问题,如 IP 地址、子网掩码等；另一种也可能是本地计算机间的通信是畅通的,但由于防火墙等阻挡了 ping 命令的执行,此时可考虑暂时关闭防火墙。

2.3　项目实施

任务 2-1　创建第一个域(目录林根级域)

由于域控制器使用的活动目录和 DNS 有非常密切的关系,因此网络中要求有 DNS 服务器存在,并且 DNS 服务器要支持动态更新。如果没有 DNS 服务器存在,可以在创建域时一起把 DNS 安装上。这里假设图 2-3 中的 Server1 服务器尚未安装 DNS,并且是该域林中的第 1 台域控制器。

1. 安装 Active Directory 域服务

活动目录在整个网络中的重要性不言而喻。经过 Windows Server 2008 和 Windows Server 2012 的不断完善,Windows Server 2019 中的活动目录服务功能更加强大,管理更加方便。在 Windows Server 2019 系统中安装活动目录时,需要先安装 Active Directory 域服务,然后将此服务器提升为域控制器,从而完成活动目录的安装。

Active Directory 域服务的主要作用是存储目录数据并管理域之间的通信,包括用户登录处理、身份验证和目录搜索等。

STEP 1 将 Server1 的计算机名称、IPv4 地址等按图 2-3 所示的信息进行配置(图 2-3 中采用 TCP/IPv4)。注意将计算机名称设置为 Server1 即可,等升级为域控制器后,它会被自动改为 Server1.long60.cn。

STEP 2 以管理员用户身份登录到 Server1,依次选择"开始"→"服务器管理器"命令(也可以直接单击任务务栏的服务器管理器图标,或者依次选择"开始"→"控制面板"→"系统和安全"→"管理工具"→"服务器管理器"命令),单击"添加角色和功能"按钮,打开

图2-4所示的"添加角色和功能向导"对话框。

图2-4　"添加角色和功能向导"对话框

提示：请读者注意图2-4所示的"启动'删除角色和功能'向导"按钮，如果安装完AD服务后需要删除该服务角色，则单击该按钮删除Active Directory域服务即可。

STEP 3　持续单击"下一步"按钮，直到显示图2-5所示的"选择服务器角色"对话框时，选中"Active Directory域服务"复选框，并在"添加角色和功能向导"对话框中单击"添加功能"按钮。

图2-5　选择服务器角色

STEP 4　持续单击"下一步"按钮，直到显示图 2-6 所示的"确认安装所选内容"对话框。

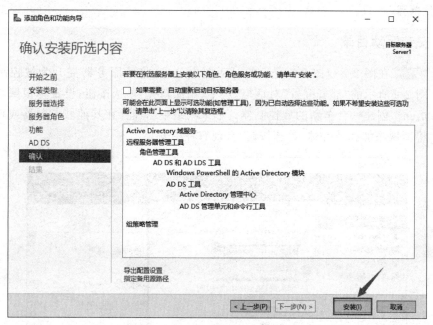

图 2-6　"确认安装所选内容"对话框

STEP 5　单击"安装"按钮即可开始安装。安装完成后显示图 2-7 所示的安装结果，提示"Active Directory 域服务"已经安装成功。

图 2-7　Active Directory 域服务安装成功

提示：如果在图 2-7 所示的对话框中直接单击"关闭"按钮，则之后要将其提升为域控制器时，先单击图 2-8 所示的服务器管理器右上方的旗帜符号，再单击"将此服务器提升为域控制器"按钮。

2. 安装活动目录

STEP 1 在图 2-7 或图 2-8 所示的对话框中单击"将此服务器提升为域控制器"按钮，显示图 2-9 所示的"部署配置"对话框，选中"添加新林"单选按钮，设置林根域名（本例为 long60.cn），创建一台全新的域控制器。如果网络中已经存在其他域控制器或林，则可以选中"将新域添加到现有林"单选按钮，在现有林中安装。

图 2-8　将此服务器提升为域控制器

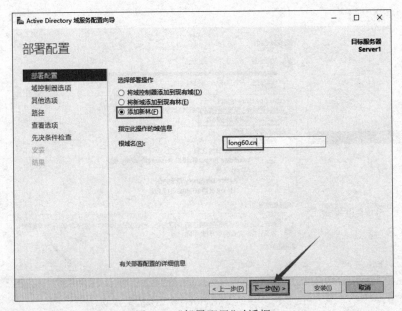

图 2-9　"部署配置"对话框

"选择部署操作"选项区中的 3 个选项的具体含义如下。

- 将域控制器添加到现有域：可以向现有域添加第 2 台或更多域控制器。
- 将新域添加到现有林：在现有林中创建现有域的子域。
- 添加新林：新建全新的域。

提示：网络既可以配置一台域控制器，也可以配置多台域控制器，以分担用户的登录和访问。多个域控制器可以一起工作，并会自动备份用户账户和活动目录数据，即使部分域控制器瘫痪，网络访问仍然不受影响，从而提高网络的安全性和稳定性。

STEP 2　单击"下一步"按钮，显示图 2-10 所示的"域控制器选项"对话框。

图 2-10　"域控制器选项"对话框

① 设置林功能级别和域功能级别。不同的林功能级别可以向下兼容不同平台的 Active Directory 服务功能。选择"Windows Server 2008"可以提供 Windows Server 2008 网络操作系统平台以上的所有 Active Directory 功能；选择"Windows Server 2016"可提供 Windows Server 2016 网络操作系统平台以上的所有 Active Directory 功能。用户可以根据自己实际的网络环境选择合适的功能级别。设置不同的域功能级别主要是为了兼容不同平台下的网络用户和子域控制器，在此只能设置"Windows Server 2016"版本的域控制器。

注意：Windows Server 2019 的功能级别仍然最高是 Windows Server 2016。

② 设置目录服务还原模式密码。由于有时需要备份和还原活动目录，且还原时（启动系统时按 F8 键）必须进入"目录服务还原模式"下，所以此处要求输入"目录服务还原模式"时使用的密码。由于该密码和管理员密码可能不同，所以一定要牢记该密码。

③ 指定域控制器功能。因为默认在此服务器上直接安装 DNS 服务器，所以该向导将自动创建 DNS 区域委派。无论 DNS 服务是否与 AD DS 集成，都必须将其安装在部署

AD DS 目录林根级域的第一台域控制器上。

④ 第一台域控制器需要扮演全局编录服务器的角色。

⑤ 第一台域控制器不可以是 RODC。

提示：安装后若要设置"林功能级别"，可登录域控制器，打开"Active Directory 域和信任关系"窗口，右击"Active Directory 域和信任关系"，在弹出的快捷菜单中单击"提升林功能级别"，选择相应的林功能级别即可。正版的软件可在包装盒上查看到有效序列号。

STEP 3 单击"下一步"按钮，显示图 2-11 所示的警告信息，不过警告的问题目前不会有影响，因此不必理会它，直接单击"下一步"按钮。

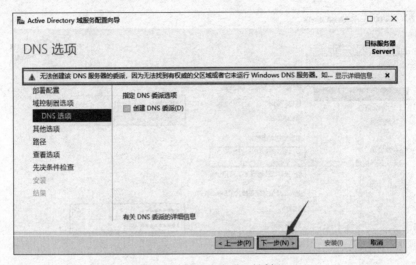

图 2-11 "DNS 选项"对话框

STEP 4 在图 2-12 所示的对话框中会自动为此域设置一个 NetBIOS 名称，也可以更改此名称。如果此名称已被占用，安装程序会自动指定一个建议名称。完成后单击"下一步"按钮。

图 2-12 "其他选项"对话框

STEP 5 显示图 2-13 所示的"路径"对话框，可以单击"浏览"按钮 更改为其他路径。其中，"数据库文件夹"用来存储 AD DS 目录数据库，"日志文件文件夹"用来存储 AD DS 数据库的变更日志，以便于日常管理和维护。需要注意的是，"SYSVOL 文件夹"必须保存在 NTFS 格式的分区中。完成后单击"下一步"按钮。

图 2-13 指定 AD DS 数据库、日志文件和 SYSVOL 的位置

STEP 6 出现"查看选项"对话框，单击"下一步"按钮。

STEP 7 在图 2-14 所示的"先决条件检查"对话框中，如果顺利通过检查，就直接单击"安装"按钮，否则要先按提示排除问题。安装完成后会自动重新启动计算机。

图 2-14 "先决条件检查"对话框

STEP 8 重新启动计算机，升级为 Active Directory 域控制器之后，必须使用域用户账户登录，格式为"域名\用户账户"，如图 2-15(a)所示。选择左下角的其他用户可以更换登录用户，如图 2-15(b)所示。

- 用户 SamAccountName 登录。用户也可以利用此名称（如 long60\administrator）来登录，其中 long 是 NetBIOS 名。同一个域中，此名称必须是唯一的。Windows NT、Windows 98 等旧版操作系统不支持 UPN，因此在这些计算机上登录时，只能使用此登录名。图 2-15(a)所示即为此种登录。

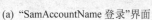

(a) "SamAccountName 登录"界面   (b) "UPN 登录"界面

图 2-15　登录界面

- 用户 UPN 登录。用户可以利用这个与电子邮箱格式相同的名称（administrator@long60.cn）来登录域，此名称被称为 User Principal Name(UPN)。此名在林中是唯一的。图 2-15(b)所示即为此种登录。

3. 验证 Active Directory 域服务的安装

活动目录安装完成后，在 Server1 上可以从各方面进行验证。

(1) 查看计算机名。右击"开始"菜单，在弹出的快捷菜单中选择"控制面板"→"系统和安全"→"系统"→"高级系统设置"命令，打开"系统属性"对话框，再单击"计算机名"选项卡，可以看到计算机已经由工作组成员变成了域成员，而且是域控制器。计算机名称已经变为 Server1.long60.cn 了。

(2) 查看管理工具。活动目录安装完成后，会添加一系列的活动目录管理工具，包括"Active Directory 用户和计算机""Active Directory 站点和服务""Active Directory 域和信任关系"等。选择"开始"→"Windows 管理工具"命令，可以在"管理工具"中找到这些管理工具的快捷方式。在"服务器管理器"的"工具"菜单中也会增加这些管理工具。

(3) 查看活动目录对象。选择"开始"→"Windows 管理工具"→"Active Directory 用户和计算机"命令，或者通过选择"服务器管理器"→"工具"命令，打开"Active Directory 用户和计算机"控制台，可以看到企业的域名为 long60.cn。单击该域，窗口右侧的详细信息窗格中会显示域中的各个容器，其中包括一些内置容器，主要有以下几种。

- built-in：存放活动目录域中的内置组账户。
- computers：存放活动目录域中的计算机账户。
- users：存放活动目录域中的一部分用户和组账户。
- Domain Controllers：存放域控制器的计算机账户。

（4）查看 Active Directory 数据库。Active Directory 数据库文件保存在％SystemRoot％\Ntds(本例为 C:\windows\ntds)文件夹中,主要的文件如下。

- Ntds.dit：数据库文件。
- Edb.chk：检查点文件。
- Temp.edb：临时文件。

（5）查看 DNS 记录。为了让活动目录正常工作,需要 DNS 服务器的支持。活动目录安装完成后,重新启动 Server1 时会向指定的 DNS 服务器注册 SRV 记录。

依次选择"开始"→"Windows 管理工具"→DNS 命令,或者在服务器管理器窗口中选择右上方的"工具"→DNS 命令,打开"DNS 管理器"窗口。一个注册了 SRV 记录的 DNS 服务器如图 2-16 所示。

图 2-16 注册了 SRV 记录

如果因为域成员本身的设置有误或者网络问题,造成它们无法将数据注册到 DNS 服务,则可以在问题解决后重新启动这些计算机或利用以下方法来手动注册。

- 如果某域成员计算机的主机名与 IP 地址没有正确注册到 DNS 服务器,可到此计算机上运行 ipconfig /registerdns 命令来手动注册,完成后再到 DNS 服务器检查是否已有正确记录。例如,域成员主机名为 Server1.long60.cn,IP 地址为 192.168.10.1,则检查区域 long60.cn 内是否有 Server1 的主机记录,以及其 IP 地址是否为 192.168.10.1。
- 如果发现域控制器并没有将其扮演的角色注册到 DNS 服务器内,也就是并没有类似图 2-16 所示的_tcp 等文件夹与相关记录,可到此域控制器上选择"开始"→"Windows 管理工具"→"服务"命令,打开图 2-17 所示的"服务"窗口,选中 Netlogon 服务,并右击,在弹出的快捷菜单中选择"重新启动"命令来注册。具体操作也可以使用以下命令。

```
net stop netlogon
net start netlogon
```

图 2-17　重新启动 Netlogon 服务

试一试：SRV 记录手动添加无效。将注册成功的 DNS 服务器中的 long60.cn 域下面的 SRV 记录删除一些，试着在域控制器上使用上面的命令恢复 DNS 服务器中被删除的内容（使用命令后，右击，在弹出的快捷菜单中选择"刷新"命令即可）。

提示："服务器管理器"控制台的"工具"菜单中包含了"管理工具"的所有工具，因此，一般情况下，凡是集成在"管理工具"的工具都能在"服务器管理器"控制台的"工具"菜单中找到。为了后面描述方便，后续项目中在提到工具时会采用其中一种方式且会简略表述。请读者从此刻开始，对如何打开"管理工具"和"服务器管理器"要熟练掌握、了然于心。

任务 2-2　将 MS1 加入 long60.cn 域

下面再将 MS1（IP：192.168.10.10/24）独立服务器加入 long60.cn 域，将 MS1 提升为 long60.cn 的成员服务器。MS1 与 Server1 的虚拟机网络连接模式都是"仅主机模式"，步骤如下。

STEP 1　在 MS1 服务器上确认"本地连接"属性中的 TCP/IP 首选 DNS 指向了 long60.cn 域的 DNS 服务器，即 192.168.10.1。

STEP 2　单击"开始"菜单,在弹出的快捷菜单选择"控制面板"→"系统和安全"→"系统"→"高级系统设置"命令,弹出"系统属性"对话框,选择"计算机名"选项卡,单击"更改"按钮,弹出"计算机名/域更改"对话框,在"隶属于"选项区中选中"域"单选按钮,并输入要加入的域的名称 long60.cn,单击"确定"按钮。

STEP 3　输入有权限加入该域的账户名称和密码,确定后重新启动计算机即可。例如,输入该域控制器 Server1.long60.cn 的管理员账户和密码,如图 2-18 所示。

图 2-18　将 MS1 加入 long60.cn 域

STEP 4　加入域后(需重新启动计算机),其完整计算机名的后缀就会附上域名,即图 2-19 所示的 MS1.long60.cn。单击"关闭"按钮,按照界面提示重新启动计算机。

图 2-19　加入 long60.cn 域后的系统属性

提示：① Windows 10 操作系统的计算机加入域中的步骤和 Windows Server 2019 网络操作系统加入域中的步骤相同。

② 这些被加入域的计算机的账户会被创建在 Computers 窗口内。

任务 2-3　利用已加入域的计算机登录

除了利用本地账户登录，也可以在已经加入域的计算机上利用本地域用户账户登录。

1. 利用本地账户登录

在 MS1 登录界面中按 Ctrl＋Alt＋Del 组合键后，出现图 2-20 所示的界面，图中默认让用户利用本地系统管理员 Administrator 的身份登录，因此只要输入 Administrator 的密码就可以登录。

此时，系统会利用本地安全性数据库来检查账户与密码是否正确，如果正确，就可以成功登录，也可以访问计算机内的资源（若有权限）。不过无法访问域内其他计算机的资源，除非在连接其他计算机时再输入有权限的用户名与密码。

2. 利用域用户账户登录

如果要利用域系统管理员 Administrator 的身份登录，则单击图 2-20 所示左下角的"其他用户"链接，打开图 2-21 所示的"其他用户"登录框，输入域系统管理员的账户（long60\administrator）与密码，单击"登录"按钮 ➡ 进行登录。

图 2-20　本地用户登录　　　　　　　　　　图 2-21　域用户登录

注意：账户名前面要附加域名，如 long60.cn\administrator 或 long60\administrator，此时账户与密码会被发送给域控制器，并利用 Active Directory 数据库来检查账户与密码是否正确，如果正确，就可以成功登录，并且可以直接连接域内任何一台计算机并访问其中的资源（如果被赋予权限），不需要手动输入用户名与密码。当然，也可以用 UPN 登录，形如 administrator@long60.cn。

任务 2-4 安装额外的域控制器与 RODC

一个域内若有多台域控制器，便可以拥有下面的优势。

- 改善用户登录的效率。若同时有多台域控制器来对客户端提供服务，就可以分担用户身份验证（账户与密码）的负担，提高用户登录的效率。

- 容错功能。若有域控制器故障，此时仍然可以由其他正常的域控制器来继续提供服务，因此对用户的服务并不会停止。

在安装额外域控制器（additional domain controller）时，需要将 AD DS 数据库由现有的域控制器复制到这台新的域控制器。然而若数据库非常庞大，则这个复制操作势必会增加网络负担，尤其是这台新域控制器位于远程网络内时。系统提供了两种复制 AD DS 数据库的方式。

- 通过网络直接复制。若 AD DS 数据库庞大，此方法会增加网络负担并影响网络效率。

- 通过安装介质。需要事先到一台域控制器内制作安装介质（installation media），其中包含 AD DS 数据库；接着将安装介质复制到 U 盘、CD、DVD 等媒体或共享文件夹内；然后在安装额外域控制器时，要求安装向导到这个媒体或共享文件夹内读取安装介质内的 AD DS 数据库。这种方式可以大幅降低对网络造成的负担。若在安装介质制作完成之后，现有域控制器的 AD DS 数据库内有新变动数据，则这些少量数据会在完成额外域控制器的安装后，再通过网络自动复制过来。

下面说明如何将图 2-3 中的 Server2 升级为常规额外域控制器（可写域控制器），将 Server3 升级为 RODC。其中 Server2 为域 long60.cn 的成员服务器，Server3 为独立服务器。

1. 利用网络直接复制安装额外控制器

Server1、Server2 和 Server3 的网络连接模式都是"仅主机模式"，首先要保证 3 台服务器通信畅通。

STEP 1 先在图 2-3 中的服务器 Server2 与 Server3 上安装 Windows Server 2019，IPv4 地址等按照图 2-3 所示的信息来设置（图 2-3 中采用 TCP/IPv4），同时将 Server2 加入域 long60.cn。

注意将计算机名称分别设置为 Server2 与 Server3 即可，等升级为域控制器后，它们会自动被改为 Server2.long60.cn 与 Server3.long60.cn。

STEP 2 在 Server2 上安装 Active Directory 域服务。操作方法与安装第 1 台域控制器的方法完全相同。安装完 Active Directory 域服务后，单击"将此服务器提升为域控制器"按钮，开始活动目录的安装。

STEP 3 当显示"部署配置"对话框时，选中"将域控制器添加到现有域"单选按钮，在"域"项下面直接输入 long60.cn，或者单击"选择"按钮进行"域"的选择操作。单击"更改"按钮，弹出"Windows 安全中心"对话框，需要指定可以通过相应主域控制器验证的用户账户凭据，该用户账户必须是 Domain Admins 组，拥有域管理员权限。例如，根域控制器的管理员账户 long60\administrator（或 long60.cn\administrator），如图 2-22 所示。

图 2-22 "部署配置"对话框

注意：只有 Enterprise Admins 或 Domain Admins 内的用户有权建立其他域控制器。若现在登录的账户不隶属于这两个组（例如，现在登录的账户为本机 Administrator），则需另外指定有权力的用户账户。

STEP 4 单击"下一步"按钮，显示图 2-23 所示的"域控制器选项"对话框。

① 选择是否在此服务器上安装 DNS 服务器（默认会）。本例选择在 Server2 上安装 DNS 服务器。

② 选择是否将其设定为全局编录服务器（默认会）。

③ 选择是否将其设置为只读域控制器（默认不会）。

④ 设置目录服务还原模式的密码。

STEP 5 单击"下一步"按钮，出现图 2-24 所示的对话框，不勾选"更新 DNS 委派"复选框。

注意：如果不存在 DNS 委派却勾选此复选框了，则在后面将会报错。

STEP 6 单击"下一步"按钮，出现图 2-25 所示的对话框，继续单击"下一步"按钮，会直接从其他任何一台域控制器复制 AD DS 数据库。

图 2-23　"域控制器选项"对话框

图 2-24　"DNS 选项"对话框

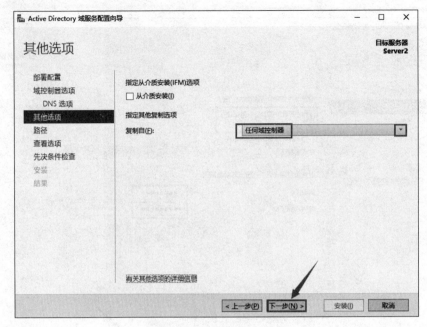

图 2-25　"其他选项"对话框

STEP 7 在图 2-26 中可直接单击"下一步"按钮。

图 2-26　"路径"对话框

- 数据库文件夹：用来存储 AD DS 数据库。
- 日志文件文件夹：用来存储 AD DS 数据库的变更日志，此日志文件可被用来修复 AD DS 数据库。
- SYSVOL 文件夹：用来存储域共享文件（如组策略相关的文件）。

STEP 8　在"查看选项"窗口中单击"下一步"按钮。

STEP 9　在图 2-27 中，若顺利通过检查，就直接单击"安装"按钮，否则请根据界面提示先排除问题。

图 2-27　"先决条件检查"对话框

STEP 10　安装完成后会自动重新启动计算机，请重新登录。

2. 利用网络直接复制安装 RODC

在 Server3 上安装 RODC，Server3 为独立服务器。Server2 和 Server3 的网络连接模式都是"仅主机模式"，首先要保证两台服务器通信畅通。

STEP 1　在 Server3 上安装 Active Directory 域服务。操作方法与安装第 1 台域控制器的方法完全相同。安装完 Active Directory 域服务后，单击"将此服务器提升为域控制器"按钮，开始活动目录的安装。

STEP 2　当显示"部署配置"对话框时，选中"将域控制器添加到现有域"单选按钮，在"域"项下面直接输入 long60.cn，或者单击"选择"按钮进行"域"的选择操作。单击"更改"按钮，弹出"Windows 安全中心"对话框，需要指定可以通过相应主域控制器验证的用户账户凭据，该用户账户必须是 Domain Admins 组，拥有域管理员权限。例如，根域控制器的管理员账户 long60\administrator。

STEP 3　单击"下一步"按钮，显示图 2-23 所示的"域控制器选项"对话框，勾选"只读域控制器（RODC）"复选框，单击"下一步"按钮，直到安装成功，自动重新启动计算机。

STEP 4　依次选择"开始"→"Windows 管理工具"→DNS 命令，分别打开 Server1、

Server2、Server3 的 DNS 服务器管理器，检查 DNS 服务器内是否有域控制器 Server2. long60.cn 与 Server3.long60.cn 的相关记录，如图 2-28 所示（Server2、Server3 上的 DNS 服务器类似）。

图 2-28　检查 DNS 服务器

Server2、Server3 这两台域控制器的 AD DS 数据库内容是从其他域控制器复制过来的，而原本这两台计算机内的本地用户账户会被删除。

注意：在服务器 Server1（第一台域控制器）升级成为域控制器之前，原本位于本地安全性数据库内的本地账户会在升级后被转移到 Active Directory 数据库内，而且是被放置到 Users 容器内，并且这台域控制器的计算机账户会被放置到 Domain Controllers 组织单位内，其他加入域的计算机账户默认会被放置到 Computers 容器内。

只有在创建域内的第一台域控制器时，该服务器原来的本地账户才会被转移到 Active Directory 数据库，其他域控制器（如本例中的 Server2、Server3）原来的本地账户并不会被转移到 Active Directory 数据库，而是被删除。

STEP 5　依次选择"开始"→"Windows 管理工具"→"Active Directory 用户和计算机"命令，分别打开 Server1、Server2、Server3 的"Active Directory 用户和计算机"，检查 Domain Controllers 容器里是否存在 Server1、Server2、Server3（只读）等域控制器，如图 2-29 所示（Server2、Server3 上的情况类似）。

图 2-29　Active Directory 用户和计算机

3. 利用安装介质来安装额外域控制器

先到一台域控制器上制作安装介质,也就是将 AD DS 数据库存储到安装介质内,并将安装介质复制到 U 盘或共享文件夹内。然后在安装额外域控制器时,要求安装向导从安装介质来读取 AD DS 数据库,这种方式可以大幅降低对网络造成的负担。(为提升效率,做本例时,可暂时将 Server2 和 Server3 挂机)

(1) 制作安装介质。请到现有的域控制器上执行 ntdsutil 命令制作安装介质。

- 若此安装介质是要给可写域控制器使用的,则需到现有的可写域控制器上执行 ntdsutil 指令。
- 若此安装介质是要给 RODC 使用的,则可以到现有的可写域控制器或 RODC 上执行 ntdsutil 指令。

STEP 1 到域控制器 Server1 上利用域系统管理员的身份登录。

STEP 2 选择"开始"→"运行"命令,在"运行"对话框的"打开"文本框中输入 CMD,单击"确定"按钮。

STEP 3 在"命令提示符"对话框中输入以下命令后按 Enter 键。

```
ntdsutil
```

STEP 4 在 ntdsutil 提示符下执行以下命令,它会将域控制器的 AD DS 数据库设置为使用中。

```
activate    instance  ntds
```

STEP 5 在 ntdsutil 提示字符下执行以下命令。

```
ifm
```

STEP 6 在 ifm 提示符下执行以下命令。

```
create  sysvol  full  c:\InstallationMedia
```

注意: 此命令假设要将安装介质的内容存储到 C:\InstallationMedia 文件夹内。其中的 sysvol 表示要制作包含 ntds.dit 与 SYSVOL 的安装介质,full 表示要制作供可写域控制器使用的安装介质。若是要制作供 RODC 使用的安装介质,则将 full 改为 RODC。

STEP 7 看到成功创建 IFM 媒体信息后,连续执行两次 quit 命令来结束 ntdsutil。图 2-30 为部分操作界面。

STEP 8 将整个 C:\InstallationMedia 文件夹内的所有数据复制到 U 盘或共享文件夹内。

(2) 安装额外域控制器。

STEP 1 将包含安装介质的 U 盘放到即将扮演额外域控制器角色的计算机 Server4(可以克隆生成,但必须重整)上,或将其放到可以访问到的共享文件夹内。本例放到

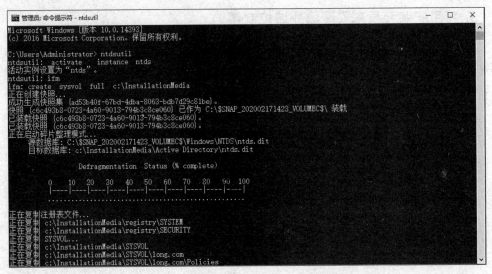

图 2-30 制作安装介质

Server4 的 C:\InstallationMedia 文件夹内。设置 Server4 的计算机名称为 Server4，IP 地址为 192.168.10.4/24，DNS 服务器的 IP 地址为 192.168.10.1。

STEP 2 安装额外域控制器的方法与前面的大致相同，因此下面仅列出不同之处。下面假设安装介质被复制到即将升级为额外域控制器的服务器 Server4 的 C:\InstallationMedia 文件夹内，在图 2-31 中改为选中"从介质安装"复选框，并在路径处指定存储安装介质的文件夹 C:\InstallationMedia。

图 2-31 选中"从介质安装"复选框

在安装过程中会从安装介质所在的文件夹 C:\InstallationMedia 复制 AD DS 数据库。若在安装介质制作完成之后,现有域控制器的 AD DS 数据库更新数据,则这些少量数据会在完成额外域控制器安装后再通过网络自动复制过来。

4. 修改 RODC 的委派与密码复制策略设置

若要修改密码复制策略设置或 RODC 系统管理工作的委派设置,则在开启"Active Directory 用户和计算机"后,在图 2-32 中单击容器 Domain Controllers 右方扮演 RODC 角色的域控制器,单击上方的属性图标圙,通过图 2-33 中的"密码复制策略"选项卡与"管理者"选项卡来设置。

图 2-32　修改设置

图 2-33　"密码复制策略"选项卡与"管理者"选项卡

也可以依次选择“开始”→“Windows 管理工具”→“Active Directory 管理中心”命令，通过“Active Directory 管理中心”来修改上述设置：开启 Active Directory 管理中心后，如图 2-34 所示，单击容器 Domain Controllers 界面中间扮演 RODC 角色的域控制器，单击右方的“属性”选项，通过图 2-35 中的“管理者”选项与“扩展”选项中的“密码复制策略”选项卡来设定。

图 2-34　Active Directory 管理中心的 Domain Controllers

图 2-35　“密码复制策略”选项卡

5. 验证额外域控制器运行正常

Server1 是第一台域控制器，Server2 服务器已经提升为额外域控制器，现在可以将成员服务器 MS1 的首选 DNS 指向 Server1 域控制器，备用 DNS 指向 Server2 额外域控制器,当 Server1 域控制器发生故障时,Server2 额外域控制器可以负责域名解析和身份验证等工作,从而实现不间断服务。

STEP 1 在 MS1 上配置"首选 DNS"的 IP 地址为 192.168.10.1,"备用 DNS"的 IP 地址为 192.168.10.2。

STEP 2 利用 Server1 域控制器的"Active Directory 用户和计算机"建立供测试用的域用户 domainuser1(新建用户时,姓名和用户登录名都是 domainuser1)。刷新 Server2、Server3 的"Active Directory 用户和计算机"中的 users 容器,发现 domainuser1 几乎同时同步到了这两台域控制器上。

STEP 3 将"Server1 域控制器"暂时关闭,在 VMware Workstation 中也可以将 "Server1 域控制器"暂时挂起。

STEP 4 在 MS1 上注销原来的 administrator 账户后,用"其他用户"登录,如图 2-36 所示。使用 long60\domainuser1 登录域,观察是否能够登录,如果可以登录成功,说明可以提供 AD 的不间断服务了,也验证了额外域控制器安装成功。下面转到 Server2 上进行操作。

STEP 5 选择 Server2→"服务器管理器"→"工具"命令,打开"Active Directory 站点和服务"窗口,依次单击 Sites → Default-First-Site-Name → Servers → Server2 → NTDS Settings 选项,右击,在弹出的快捷菜单中选择"属性"命令,如图 2-37 所示。

STEP 6 在弹出的对话框中取消勾选"全局编录"复选框,如图 2-38 所示。

图 2-36 在 MS1 上使用域账户 "domainuser1"登录验证

STEP 7 在"服务器管理器"主窗口下,选择"工具"命令,打开"Active Directory 用户和计算机"窗口,单击 Domain Controllers 选项,可以看到 Server2 的"DC 类型"由之前的 GC 变为现在的 DC,如图 2-39 所示。

图 2-37 选择"属性"命令

图 2-38　取消勾选"全局编录"复选框

图 2-39　查看"DC 类型"

任务 2-5　转换服务器角色

　　Windows Server 2019 网络操作系统的服务器在域中可以有 3 种角色：域控制器、成员服务器和独立服务器。当一台 Windows Server 2019 网络操作系统的成员服务器安装了活动目录后，服务器就成为域控制器，域控制器可以对用户的登录等进行验证；

Windows Server 2019 网络操作系统的成员服务器还可以仅仅加入域中，而不安装活动目录，这时服务器的主要目的是提供网络资源，这样的服务器称为成员服务器。严格说来，独立服务器和域没有什么关系，如果服务器不加入域中，也不安装活动目录，服务器就称为独立服务器。服务器的这 3 个角色的改换如图 2-40 所示。

图 2-40　服务器角色的转换

1. 域控制器降级为成员服务器

在域控制器上把活动目录删除,服务器就降级为成员服务器了。下面以图 2-3 中的 Server2 降级为例,介绍具体步骤。(切记! Server1 必须正常开启)

(1)删除活动目录注意要点。用户删除活动目录也就是将域控制器降级为独立服务器。降级时要注意以下 3 点。

① 如果该域内还有其他域控制器,则该域会被降级为该域的成员服务器。

② 如果这个域控制器是该域的最后一个域控制器,则被降级后,该域内将不存在任何域控制器。因此,该域控制器被删除,而该计算机被降级为独立服务器。

③ 如果这台域控制器是"全局编录",则将其降级后,它将不再担当"全局编录"的角色,因此要先确定网络上是否还有其他"全局编录"域控制器。如果没有,则要先指派一台域控制器来担当"全局编录"的角色,否则将影响用户的登录操作。

提示:指派"全局编录"的角色时,可以选择"开始"→"Windows 管理工具"→ "Active Directory 站点和服务"→"Sites"→"Default-First-Site-Name"→"Servers"命令, 展开要担当"全局编录"角色的服务器名称,右击"NTDS Settings 属性"选项,在弹出的快捷菜单中选择"属性"命令,在显示的"NTDS Settings 属性"对话框中选中"全局编录"复选框。

(2)删除活动目录。步骤如下。

STEP 1　以管理员身份登录 Server2,单击左下角的服务器管理器图标,在图 2-41 所示的窗口中选择右上方的"管理"→"删除角色和功能"命令。

图 2-41　选择"删除角色和功能"命令

STEP 2 在图 2-42 所示的对话框中取消勾选"Active Directory 域服务"复选框，单击"删除功能"按钮。

图 2-42 删除服务器角色和功能

STEP 3 出现图 2-43 所示的对话框时，单击"将此域控制器降级"链接，将此域控制器降级。

图 2-43 验证结果

STEP 4 如果在图 2-44 所示的对话框中当前的用户有权删除此域控制器，则单击"下一步"按钮，否则单击"更改"按钮来输入新的账户与密码。

提示：如果因故无法删除此域控制器（例如，在删除域控制器时，需要能够先连接到其他域控制器，但是却一直无法连接），或者是最后一个域控制器，此时勾选图 2-44 中的"强制删除此域控制器"复选框，一般情况下按默认值，不勾选此项。

STEP 5 在图 2-45 所示的对话框中勾选"继续删除"复选框后，单击"下一步"按钮。

图 2-44 "凭据"对话框

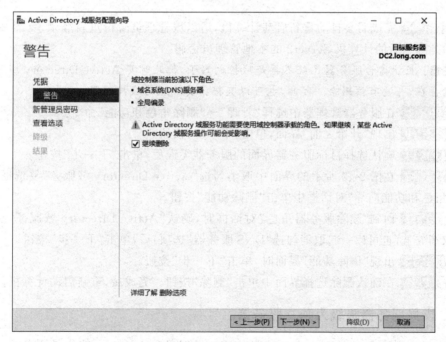

图 2-45 "警告"对话框

STEP 6 在图 2-46 中为这台即将被降级为独立或成员服务器的计算机设置本地 Administrator 的新密码后，单击"下一步"按钮。

STEP 7 在查看选项对话框中单击"降级"按钮。

图 2-46　设置新管理员密码

STEP 8 完成后会自动重新启动计算机，请以域管理员身份重新登录。（图 2-46 中设置的是降级后的计算机 Server2 的本地管理员密码。）

注意：虽然这台服务器已经不再是域控制器了，但此时其 Active Directory 域服务组件仍然存在，并没有被删除。因此，也可以直接将其升级为域控制器。

STEP 9 在服务器管理器中选择"管理"→"删除角色和功能"命令。

STEP 10 出现"开始之前"界面，单击"下一步"按钮。

STEP 11 确认选择目标服务器界面的服务器无误后，单击"下一步"按钮。

STEP 12 在图 2-42 所示的界面中取消勾选"Active Directory 域服务"复选框，再在"删除角色和功能向导"对话框中单击"删除功能"按钮。

STEP 13 回到"删除服务器角色"对话框时，确认"Active Directory 域服务"选项已经被取消勾选（也可以一起取消勾选"DNS 服务器"选项）后，单击"下一步"按钮。

STEP 14 出现"删除功能"界面时，单击"下一步"按钮。

STEP 15 在确认删除选择界面中单击"删除"按钮。完成后，重新启动计算机。

2. 成员服务器降级为独立服务器

Server2 删除 Active Directory 域服务后，降级为域 long60.cn 的成员服务器。现在将该成员服务器继续降级为独立服务器。

首先在 Server2 上以域管理员（long60\administrator）或本地管理员（Server2\administrator）身份登录。登录成功后，单击"开始"菜单，选择"控制面板"→"系统和安全"→"系统"→"高级系统设置"命令，弹出"系统属性"对话框，选择"计算机名"选项卡，单击"更改"按钮,弹出"计算机名/域更改"对话框;在"隶属于"选项区中选中"工作组"单选按钮,并输入从域中脱离后要加入的工作组的名称(本例为 WORKGROUP),单击"确定"按钮;输入有权限脱离该域的账户的名称和密码,确定后重新启动计算机即可。

至此,Server2 已经变成一台独立服务器了。

任务 2-6　创建子域

本次任务要求创建 long60.cn 的子域 china.long60.cn。创建子域之前,读者需要先了解本任务实例部署的需求和实训环境。

1. 部署需求

在向现有域中添加域控制器之前需满足以下要求。

- 设置域中父域控制器和子域控制器的 TCP/IP 属性,手动指定 IP 地址、子网掩码、默认网关和 DNS 服务器的 IP 地址等。
- 部署域环境,父域域名为 long60.cn,子域域名为 china.long60.cn。

2. 部署环境

如图 2-47 所示为创建子域的网络拓扑图。

图 2-47　创建子域的网络拓扑图

本任务所有实例被部署在域环境下,父域域名为 long60.cn,子域域名为 china. long60.cn。其中父域的域控制器主机名为 Server1,其本身也是 DNS 服务器,IP 地址为 192.168.10.1。子域的域控制器主机名为 Server2(前例中的 Server2 通过降级已经变成独立服务器,使用前例中的服务器可以提高实训效率),其本身也是 DNS 服务器,IP 地址为 192.168.10.2。

提示:本例中仅用到 Server1 和 Server2。Server2 在前几个实例中是额外域控制器,降级后成为独立服务器。下面会将 Server2 升级为子域 china 的域控制器。

65

3. 创建子域

在计算机 Server2 上同时安装 Active Directory 域服务和 DNS 服务，使其成为子域 china.long60.cn 中的域控制器，具体步骤如下。

STEP 1 在 Server2 上以管理员账户登录，打开"Internet 协议版本 4（TCP/IPv4）属性"对话框，按图 2-47 所示的信息配置 Server2 计算机的 IP 地址、子网掩码、默认网关以及 DNS 服务器的 IP 地址。

注意：首要 DNS 服务器一定要设置为父域的域控制器的 IP 地址 192.168.10.1；次要 DNS 可以设置成本机的 IP 地址，也可以不设置。若不设置，待全部安装完成后，将会自动赋予次要 DNS 服务器的地址为 127.0.0.1。

STEP 2 添加"Active Directory 域服务"角色和功能的过程，请参见任务 2-1 小节中的"1. 安装 Active Directory 域服务"，这里不再赘述。

STEP 3 启动 Active Directory 安装向导（启动方法请参考任务 2-1 小节中的"2. 安装活动目录"），当显示"部署配置"对话框时，选中"将新域添加到现有林"单选按钮，选择或输入父域名 long60.cn，输入新域名 china。（注意，不是 china.long60.cn。）

STEP 4 单击"更改"按钮，出现"Windows 安全中心"对话框，输入有权限的用户 administrator@long60.cn 及其密码，如图 2-48 所示，单击"确定"按钮。

图 2-48 "部署配置"及"Windows 安全中心"对话框

STEP 5 单击"下一步"按钮，显示"域控制器选项"对话框，如图 2-49 所示。选中"域名系统（DNS）服务器"选项。

STEP 6 单击"下一步"按钮，显示"DNS 选项"界面，默认选中"创建 DNS 委派"复选框,如图 2-50 所示。

注意:前面的任务中若选中"创建 DNS 委派"选项则会出错,请读者思考原因。

图 2-49　设置域控制器选项

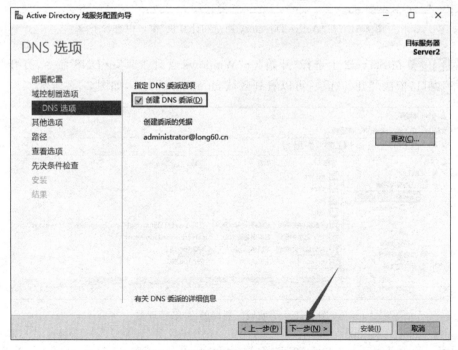

图 2-50　选中"创建 DNS 委派"复选框

STEP 7 单击"下一步"按钮，设置 NetBIOS 的名称。持续单击"下一步"按钮，在"先决条件检查"对话框中如果顺利通过检查，就直接单击"安装"按钮，否则要按提示先排除问题。安装完成后会自动重新启动计算机。

STEP 8 系统升级了 Active Directory 域控制器之后，必须使用域用户账户登录，格式为"域名\用户账户"。选择"其他用户"可以更换登录用户。

注意：这里的 china\administrator 域用户是 Server2 子域控制器中的管理员账户，不是 Server1 的。请读者务必注意。

4. 创建验证子域

STEP 1 重新启动 Server2 计算机后，用管理员身份登录到子域中。选择"服务器管理器"→"工具"→"Active Directory 用户和计算机"命令，打开"Active Directory 用户和计算机"窗口，可以看到 china.long60.cn 子域，如图 2-51 所示。

图 2-51　在"Active Directory 用户和计算机"窗口中查看子域

STEP 2 在 Server2 上选择"开始"→"Windows 管理工具"→DNS 命令，打开"DNS 管理器"窗口，依次展开各选项，可以看到区域 china.long60.cn，如图 2-52 所示。

图 2-52　子域域控制器的 DNS 管理器

思考：请打开 Server1 的 DNS 服务器的"DNS 管理器"窗口，观察 china 区域下面有何记录。图 2-53 所示的是父域域控制器中的 DNS 管理器。

图 2-53　父域域控制器的 DNS 管理器

试一试：在 VMware 中再新建一台 Windows Server 2019 的虚拟机，计算机名为 MS2，IP 地址为 192.168.10.200，子网掩码为 255.255.255.0，DNS 服务器的 IP 地址第 1 种情况设置为 192.168.10.1，第 2 种情况设置为 192.168.10.2。将 DNS 服务器分两种情况分别加入 china.long60.cn，都能成功吗？能否设置为主辅 DNS 服务器？做完后请认真思考。

5. 验证父子信任关系

通过前面的任务，我们构建了 long60.cn 及其子域 china.long60.cn，而子域和父域的双向、可传递的信任关系是在安装域控制器时就自动建立的，同时由于域林中的信任关系是可传递的，因此同一域林中的所有域都显式或者隐式地相互信任。

STEP 1　在 Server1 上以域管理员身份登录，选择"服务器管理器"→"工具"→ "Active Directory 域和信任关系"命令，弹出"Active Directory 域和信任关系"窗口，可以对域之间的信任关系进行管理，如图 2-54 所示。（本例还安装了域林 long60.cn 的另一棵域树 smile60.cn。）

图 2-54　"Active Directory 域和信任关系"窗口

STEP 2　在窗口左侧右击 long60.cn 节点，在弹出的快捷菜单中选择"属性"命令，打开"long60.cn 属性"对话框，选择"信任"选项卡，如图 2-55 所示，可以看到 long60.cn 和其他域的信任关系。对话框的上部列出的是 long60.cn 所信任的域，表明 long60.cn 信任其子域 china.long60.cn 及 smile60.cn；窗口下部列出的是信任 long60.cn 的域，表明其子域 china.long60.cn 和 smile60.cn 信任其父域 long60.cn。也就是说，long60.cn 和 china.long60.cn、smile60.cn 分别有双向信任关系。

STEP 3 在图 2-54 中，右击 china.long60.cn 节点，在弹出的快捷菜单中选择"属性"命令，查看其信任关系，如图 2-56 所示。可以发现，该域只是显式地信任其父域 long60.cn，而和另一域树中的根域 smile60.cn 并无显式的信任关系。可以直接创建 long60.cn 和 smile60.cn 之间的信任关系，以减少信任的路径。

图 2-55　long60.cn 的信任关系　　　　图 2-56　china.long60.cn 的信任关系

任务 2-7　熟悉多台域控制器的情况

1. 更改 PDC 操作主机

如果域内有多台域控制器，则所设置的安全设置值是先被存储到扮演 PDC 操作主机角色的域控制器内的，而它默认由域内的第 1 台域控制器扮演，可以选择 Server1 的"服务器管理器"→"工具"→"Active Directory 用户和计算机"命令，选中"域名 long60.cn"节点，并右击，在弹出的快捷菜单中选择"操作主机"命令，打开"操作主机"对话框，选择 PDC 选项卡来得知 PDC 操作主机是哪一台域控制器（例如，图中的操作主机为 Server1.long60.cn），如图 2-57 所示。

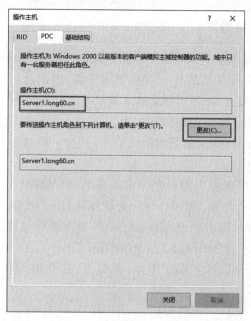

图 2-57　"操作主机"对话框

2. 更改域控制器

如果使用 Active Directory 用户和计算机,则可以用图 2-58 所示的界面来更改所连接的域控制器为 DNS1.long60.cn。

如果要更改连接到其他域控制器,可在图 2-58 所示的"Active Directory 用户和计算机"窗口中右击 long60.cn 域,在弹出的快捷菜单中选择"更改域控制器"命令。

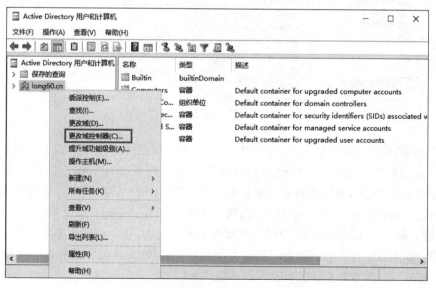

图 2-58　更改域控制器 DNS1.long60.cn

3. 登录疑难问题排除

当在 Server1 域控制器上利用普通用户账户 long60\adomainuser1 登录时，如果出现"不允许使用你正在尝试的登录方式……"的警告界面，表示此用户账户在这台域控制器上没有允许本地登录的权限，原因可能是尚未被赋予此权限，或策略设置值尚未被复制到此域控制器，或尚未应用。解决问题的方法如下。

除了域 Administrators 等少数组内的成员外，其他一般域用户账户默认无法在域控制器上登录，除非另外开放。

一般用户必须在域控制器上拥有允许本地登录的权限，才可以在域控制器上登录。此权限可以通过组策略来开放：可到任何一台域控制器上（如 Server1）进行如下操作。

STEP 1 以域管理员身份登录 Server1，选择"服务器管理器"→"工具"→"组策略管理"→"林：long60.cn"→"域"→long60.cn→Domain Controllers 命令，如图 2-59 所示。选中 Default Domain Controllers Policy 节点，并右击，在弹出的快捷菜单中选择"编辑"命令。

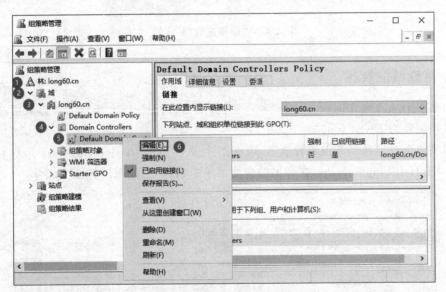

图 2-59 "组策略管理"窗口

STEP 2 在图 2-60 所示的窗口中双击"计算机配置"处的"策略"选项，选择"Windows 设置"→"安全设置"→"本地策略"→"用户权限分配"选项，接着双击右侧的"允许本地登录"选项，然后在打开的对话框中单击"添加用户或组"按钮，将用户或组加入列表内，最后依次单击"应用"和"确定"按钮。本例将 domainuser1 添加进来。

注意：由于 administrators 管理员组默认不在此列表，所以必须将其一起添加。

STEP 3 需要等设置值被应用到域控制器后才有效，应用的方法有以下 3 种。

- 将域控制器重新启动。
- 等域控制器自动应用此新策略设置，可能需要等待 5 分钟或更久。

图 2-60 "组策略管理编辑器"窗口

- 手动应用：到域控制器上运行 gpupdate 或 gpupdate/force。

STEP 4 可以在已经完成应用的域控制器上，利用前面创建的新用户账户来测试是否能正常登录。本例可使用 domainuser1@long60.cn 在 Server1 上进行登录测试。

2.4 习　　题

一、填空题

1. 通过 Windows Server 2019 网络操作系统组建客户机/服务器模式的网络时，应该将网络配置为_____。

2. 在 Windows Server 2019 网络操作系统中，活动目录存放在_____中。

3. 在 Windows Server 2019 网络操作系统中安装_____后，计算机即成为一台域控制器。

4. 同一个域中的域控制器的地位是_____。在域树中，子域和父域的信任关系是_____。独立服务器上安装了_____就升级为域控制器。

5. Windows Server 2019 网络操作系统的服务器的 3 种角色是_____、_____、_____。

6. 活动目录的逻辑结构包括_____、_____、_____和_____。

7. 物理结构的 3 个重要概念是_____、_____和_____。

8. 无论 DNS 服务器服务是否与 AD DS 集成，都必须将其安装在部署 AD DS 目录林

73

根域的第_____台域控制器上。

9. Active Directory 数据库文件保存在_____。

10. 解决在 DNS 服务器中未能正常注册 SRV 记录的问题，需要重新启动_____服务。

二、判断题

1. 在一台 Windows Server 2019 网络操作系统的计算机上安装 AD 后，计算机就成了域控制器。　　　　　　　　　　　　　　　　　　　　　　（　　）

2. 客户机在加入域时，需要正确设置首选 DNS 服务器地址，否则无法加入。（　　）

3. 在一个域中，至少有一台域控制器（服务器），也可以有多台域控制器。（　　）

4. 管理员只能在服务器上对整个网络实施管理。　　　　　　　　　　（　　）

5. 域中所有账户信息都存储于域控制器中。　　　　　　　　　　　　（　　）

6. OU 是应用组策略和委派责任的最小单位。　　　　　　　　　　　（　　）

7. 一个 OU 只指定一个受委派管理员，不能为一个 OU 指定多个管理员。（　　）

8. 同一域林中的所有域都显式或者隐式地相互信任。　　　　　　　　（　　）

9. 一个域目录树不能称为域目录林。　　　　　　　　　　　　　　　（　　）

三、简答题

1. 什么时候需要安装多个域树？

2. 简述什么是活动目录、域、活动目录树和活动目录林。

3. 简述什么是信任关系。

4. 为什么在域中常常需要 DNS 服务器？

5. 活动目录中存放了什么信息？

2.5　项目实训　部署与管理 Active Directory 域服务环境

一、实训目的

- 掌握规划和安装局域网中的活动目录的方法与技巧。
- 掌握创建目录林根级域的方法与技巧。
- 掌握安装额外域控制器的方法和技巧。
- 掌握创建子域的方法和技巧。
- 掌握创建双向可传递的林信任关系的方法和技巧。
- 掌握备份与恢复活动目录的方法与技巧。
- 掌握将服务器 3 种角色相互转换的方法和技巧。

部署与管理
Active Directory
域服务

二、项目环境

随着公司的发展壮大,已有的工作组模式的网络已经不能满足公司
的业务需要。经过多方论证,确定了公司的服务器的拓扑结构,如图 2-61 所示。服务器
操作系统选择 Windows Server 2019。

图 2-61　项目实训网络拓扑图

三、项目要求

根据图 2-61 所示的网络拓扑图构建满足公司需要的域环境。具体要求如下。

（1）创建域 long60.cn,域控制器的计算机名称为 Server1。

（2）安装额外域控制器 Server3.long60.cn。

（3）检查安装后的域控制器。将独立服务器 MS1 加入到域 long60.cn。

（4）创建子域 china.long60.cn,其域控制器的计算机名称为 Server2。

（5）将 MS1 降级为独立服务器,改计算机名称为 MS2,然后加入 china.long60.cn,成
为子域的成员服务器 MS2。

（6）创建域 smile60.cn,域控制器的计算机名称为 Server4。

（7）创建 long60.cn 和 smile60.cn 双向可传递的林信任关系。

（8）备份 smile60.cn 域中的活动目录,并利用备份进行恢复。

（9）建立组织单位 sales,在其下建立用户 testdomain,并委派对 OU 的管理。

四、做一做

请独立完成项目实训,检查学习效果。

提示：实训中用到的初始虚拟机可通过恢复 Server1～Server4 以及 MS1 的快照
得到。

项目3　管理用户账户和组

安装完网络操作系统,并完成网络操作系统的环境配置后,管理员应规划一个安全的网络环境,为用户提供有效的资源访问服务。Windows Server 2019 通过建立账户(包括用户账户和组账户)并赋予账户合适的权限,保证使用网络和计算机资源的合法性,以确保数据访问、存储和交换服从安全需要。

如果是单纯的工作组模式的网络,需要使用"计算机管理"工具来管理本地用户和组;如果是域模式的网络,则需要通过"Active Directory 管理中心"和"Active Directory 用户和计算机"工具管理整个域环境中的用户和组。

本项目学习要点

- 理解管理用户账户的方法。
- 掌握管理本地用户账户和组的方法。
- 掌握一次同时添加多个用户账户的方法。
- 掌握管理域组账户的方法。
- 掌握组的使用原则。

3.1　项目基础知识

域系统管理员需要为每一个域用户分别建立一个用户账户,让他们可以利用这个账户来登录域并访问网络上的资源。域系统管理员同时需要了解如何有效利用组,以便高效地管理资源的访问。

域系统管理员可以利用"Active Directory 管理中心"或"Active Directory 用户和计算机"控制台来建立与管理域用户账户。当用户利用域用户账户登录域后,便可以直接连接域内的所有成员计算机,访问有权访问的资源。换句话说,域用户在一台域成员计算机上成功登录后,要连接域内的其他成员计算机时,并不需要再登录到被访问的计算机,这个功能称为单点登录。

管理用户
账户和组(一)

提示:本地用户账户并不具备单点登录的功能,也就是说,利用本地用户账户登录后,再连接其他计算机时,需要再次登录到被访问的计算机。

在服务器升级为域控制器之前位于其本地安全数据库内的本地账

管理用户
账户和组(二)

户,会在升级为域控制器后被转移到 AD DS 数据库内,并且是被放置到 Users 容器内的,可以通过 Active Directory 管理中心来查看原本地账户的变化情况,如图 3-1 所示(可先单击上方的树视图图标,图中用圆圈标注),同时这台服务器的计算机账户会被放置到图 3-1中的组织单位(Domain Controllers)内。其他加入域的计算机账户默认会被放置到图 3-1 中的容器(Computers)内。

图 3-1　Active Directory 管理中心的树视图

升级为域控制器后,也可以通过 Active Directory 用户和计算机查看本地账户的变化情况,如图 3-2 所示。

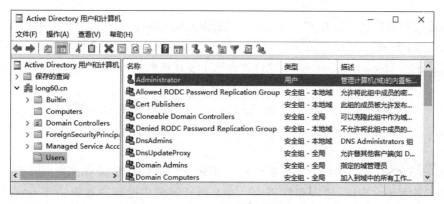

图 3-2　通过 Active Directory 用户和计算机查看本地账户

只有在建立域内的第 1 台域控制器时,该服务器原来的本地账户才会被转移到 AD DS 数据库内,其他域控制器原有的本机账户并不会被转移到 AD DS 数据库内,而是被删除。

3.1.1 规划新的用户账户

Windows Server 2019 支持两种用户账户：域账户和本地账户。域账户可以登录到域上，并获得访问该网络的权限；本地账户则只能登录到一台特定的计算机上，并访问其资源。

遵循以下规则和约定可以简化账户创建后的管理工作。

1. 命名约定

- 账户名必须唯一：本地账户在本地计算机上必须是唯一的。
- 账户名不能包含以下字符：* 、;、?、/、\、[、]、:、|、=、,、+、<、>、"。
- 账户名最长不能超过 20 个字符。

2. 密码原则

- 一定要给 Administrator 账户指定一个密码，以防止他人随便使用该账户。
- 确定是管理员还是用户拥有密码的控制权。用户可以给每个用户账户指定一个唯一的密码，并防止其他用户对其进行更改，也可以允许用户在第一次登录时输入自己的密码。一般情况下，用户应可以控制自己的密码。
- 密码不能设置得太简单，不能让他人随意猜出。
- 密码最多可由 128 个字符组成，推荐最小长度为 8 个字符。
- 密码应由大小写字母、数字以及合法的非字母数字的字符混合组成，如"P@ $ $ w0rd"。

3.1.2 本地用户账户

本地用户账户仅允许用户登录并访问创建该账户的计算机。当创建本地用户账户时，Windows Server 2019 仅在%Systemroot%\system32\config 文件夹下的安全账号管理器（security account manager，SAM）数据库中创建该账户，如 C:\Windows\system32\config\sam。

Windows Server 2019 默认只有 Administrator 账户和 Guest 账户。Administrator 账户可以执行计算机管理的所有操作；而 Guest 账户是为临时访问用户设置的，默认是禁用的。

Windows Server 2019 为每个账户提供了名称，如 Administrator、Guest 等，这些名称是为了方便用户记忆、输入和使用的。在本地计算机中的用户账户是不允许相同的。而系统内部则使用安全标识符（security identifiers，SID）来识别用户身份，每个用户账户都对应一个唯一的安全标识符，这个安全标识符在用户创建时由系统自动产生。系统指派权力、授予资源访问权限等都需要使用安全标识符。当删除一个用户账户后，重新创建名称相同的账户并不能获得先前账户的权力。用户登录后，可以在命令提示符状态下输入"whoami /logonid"命令查询当前用户账户的安全标识符。

3.1.3　本地组概述

对用户进行分组管理可以更加有效并且灵活地分配设置权限，以方便管理员对 Windows Server 2019 进行具体的管理。如果 Windows Server 2019 计算机被安装为成员服务器（而不是域控制器），将自动创建一些本地组。如果将特定角色添加到计算机，还将创建额外的组，用户可以执行与该组角色相对应的任务。例如，如果计算机被配置成 DHCP 服务器，将创建管理和使用 DHCP 服务的本地组。

可以在"服务器管理器"→"工具"→"计算机管理"→"本地用户和组"→"组"文件夹中查看默认组。常用的默认组包括 Administrators、Backup Operators、Guests、ower Users、Print Operators、Remote Desktop Users、Users 几种。

除了上述默认组以及管理员自己创建的组外，系统中还有一些特殊身份的组：Anonymous Logon、Everyone、Network、Interactive。

3.1.4　创建组织单位与域用户账户

可以将用户账户创建到任何一个容器或组织单位内。下面先创建名称为"网络部"的组织单位，然后在其内建立域用户账户 Rose、Jhon、Mike、Bob、Alice。

创建组织单位"网络部"的方法为：选择"服务器管理器"→"工具"→"Active Directory 管理中心"命令，打开"Active Directory 管理中心"窗口，右击"域名"选项，在弹出的快捷菜单中选择"新建"→"组织单位"命令，打开图 3-3 所示的"创建 组织单位：网络部"对话框，输入组织单位名称"网络部"，然后单击"确定"按钮。

图 3-3　创建 组织单位：网络部

注意：图 3-3 中默认已经勾选了"防止意外删除"复选框，因此无法将此组织单位删除，除非取消勾选此复选框。若是使用 Active Directory 用户和计算机，则选择"查看"→"高级功能"命令，选中此组织单位并右击，在弹出的快捷菜单中选择"属性"命令，取消勾选"对象"选项卡下的"防止对象被意外删除"复选框，如图 3-4 所示。

图 3-4 "对象"选项卡

在组织单位"网络部"内建立用户账户 Jhon 的方法为：选中组织单位"网络部"并右击，在弹出的快捷菜单中选择"新建用户"命令，如图 3-5 所示。

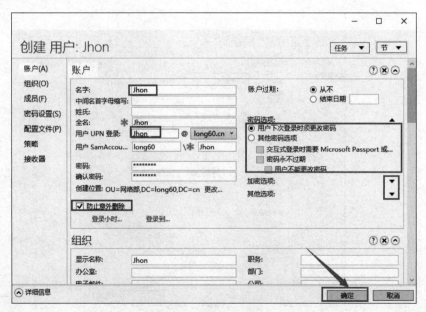

图 3-5 创建 用户：Jhon

注意：域用户的密码默认需要至少 7 个字符，且不可以包含用户账户名称（指用户 SamAccountName）或全名，至少要包含 A～Z、a～z、0～9、非字母数字（如！、$、≠、%）4 组字符中的 3 组。例如，P@ssw0rd 是有效的密码，而 ABCDEF 是无效的密码。若要修改此默认值，请参考后面相关内容的介绍。

以此类推，在该组织单位内创建 Rose、Mike、Bob、Alice 4 个账户（如果 Mike 账户已经存在，请将其移动到"网络部"组织单位）。

3.1.5　用户登录账户

域用户可以在域成员计算机上（域控制器除外）利用两种账户来登录域，它们分别是图 3-6（Alice 域账户属性）中的用户 UPN 登录与用户 SamAccountName 登录。一般的域用户默认是无法在域控制器上登录的（Alice 用户是在"Active Directory 管理中心"控制台打开的）。

图 3-6　Alice 域账户属性

- 用户 UPN 登录。UPN（user principal name）的格式与电子邮件账户相同，例如，Alice@long60.cn 这个名称只能在隶属于域的计算机上登录域时使用，如图 3-7 所示。在整个域林内，这个名称必须是唯一的。

注意：请在 MS1 成员服务器上登录域。默认一般的域用户不能在域控制器上进行本地登录，除非赋予其"允许本地登录"权限。

UPN 并不会随着账户被移动到其他域而改变，例如，用户 Alice 的用户账户位于 long60.cn 域内，其默认的 UPN 为 Alice@long60.cn，之后即使此账户被移动到林中的另一个域内，如 smile60.cn 域，其 UPN 仍然是 Alice@long60.cn，并没有被改变，因此 Alice 仍然可以继续使用原来的 UPN 登录。

- 用户 SamAccountName 登录。long\Alice 是旧格式的登录账户。Windows Server 2000 之前版本的旧客户端需要使用这种格式的名称来登录域。在隶属于域的 Windows Server 2000(含)之后的计算机上也可以采用这种名称来登录域，如图 3-8 所示。在同一个域内，这个名称必须是唯一的。

图 3-7　用户 UPN 登录

图 3-8　用户 SamAccountName 登录

提示：在"Active Directory 用户和计算机"控制台中，上述用户使用 UPN 登录时，用户登录名称表示为 Alice@long60.cn；上述用户使用 SamAccountName 登录时用户登录名称（Windows Server 2000 之前的版本）表示为 long\Alice。

3.1.6　创建 UPN 的后缀

用户账户的 UPN 后缀默认是账户所在域的域名。例如，用户账户建立在 long60.cn 域内，则其 UPN 后缀为 long60.cn。在下面这些情况下，用户可能希望能够改用其他替代后缀。

- 因 UPN 的格式与电子邮件账户相同，故用户可能希望其 UPN 可以与电子邮件账户相同，以便让其无论是登录域还是收发电子邮件，都可使用一致的名称。
- 若域树目录内有多层子域，则域名会太长，如 network.jinan.long60.cn，故 UPN 后缀也会太长，这将造成用户在登录时的不便。

可以通过新建 UPN 后缀的方式来让用户拥有替代后缀，步骤如下。

STEP 1 选择"服务器管理器"→"工具"→"Active Directory 域和信任关系"命令，如图 3-9 所示，单击上方的属性图标▣。

图 3-9　Active Directory 域和信任关系

STEP 2 在图 3-10 中输入替代的 UPN 后缀后,单击"添加"按钮并单击"确定"按钮,单击"应用"按钮后,再次单击"确定"按钮。

图 3-10 添加 UPN 后缀

注意:后缀不一定是 DNS 格式的,例如,可以是 long60.cn,也可以是 long60。

STEP 3 完成后,就可以通过"Active Directory 管理中心"(或"Active Directory 用户和计算机")控制台来修改用户的 UPN 后缀,此例修改为 smile,如图 3-11 所示。请在成员服务器 MS1 上以 Alice@smile 登录域,看是否登录成功。

图 3-11 修改用户的 UPN 后缀

3.1.7　域用户账户的一般管理

一般管理是指重设密码、禁用(启用)账户、移动账户、删除账户、更改登录名称与解除锁定等。可以单击想要管理的用户账户(如图 3-12 中的 Alice)，然后通过右侧的选项来设置。

图 3-12　Active Directory 管理中心

- 重置密码。当用户忘记密码或密码使用期限到期时，系统管理员可以为用户设置一个新的密码。
- 禁用账户(或启用账户)。若某位员工因故在一段时间内无法来上班，就可以先将该员工的账户禁用，待该员工回来上班后，再将其重新启用。若用户账户已被禁用，则该用户账户图形上会有一个向下的箭头符号。
- 移动账户。可以将账户移动到同一个域内的其他组织单位或容器。
- 重命名。重命名(可通过选中用户账户右击并在弹出的快捷菜单中选择"属性"命令的方法来重命名)以后，该用户原来所拥有的权限与组关系都不会受到影响。例如，当某员工离职时，可以暂时先将其用户账户禁用，等到新员工进来接替他的工作时，再将此账户名称改为新员工的名称，重新设置密码，更改登录账户名称，修改其他相关个人信息，再重新启用此账户。

说明：① 在每一个用户账户创建完成之后，系统都会为其建立一个唯一的 SID，而系统是利用这个 SID 来代表该用户的，同时权限设置等都是通过 SID 来记录的，并不是通过用户名称。例如，在某个文件的权限列表内，它会记录哪些 SID 具备哪些权限，而不是哪些用户名称拥有哪些权限。

② 由于用户账户名称或登录名称更改后，其 SID 并没有被改变，因此用户的权限与

组关系都不变。

③ 可以双击用户账户或单击右方的属性来更改用户账户名称与登录名称等相关设置。

- 删除账户。若这个账户以后再也用不到，就可以将此账户删除。将账户删除后，即使再新建一个相同名称的用户账户，此新账户也不会继承原账户的权限与组关系，因为系统会给予这个新账户一个新的 SID，而系统是利用 SID 来记录用户的权限与组关系的，不是利用账户名称，所以对系统来说，这是两个不同的账户，当然就不会继承原账户的权限与组关系。

- 解除被锁定的账户。可以通过组策略管理器的账户策略来设置用户输入密码失败多少次后，就将此账户锁定，而系统管理员可以利用下面的方法来解除锁定：双击该用户账户，然后单击图 3-13 中的"解锁账户"按钮（只有账户被锁定后才会有此按钮）。

图 3-13　Alice 账户被锁定

提示：设置账户策略的参考步骤如下：在组策略管理器中右击 Default Domain Policy GPO（或其他域级别的 GPO）选项，在弹出的快捷菜单中选择"编辑"→"计算机配置"→"策略"→"Windows 设置"→"安全设置"→"账户策略"→"账户锁定策略"命令。

3.1.8　设置域用户账户的属性

每一个域用户账户内都有一些相关的属性信息，如地址、电话与电子邮件地址等，域用户可以通过这些属性来查找 AD DS 数据库内的用户。例如，通过电话号码来查找用户。因此，为了更容易地找到所需的用户账户，这些属性信息应该越完整越好。下面将通过 Active Directory 管理中心来介绍用户账户的部分属性，先双击要设置的用户账户 Alice。

1. 设置组织信息

组织信息就是指显示名称、职务、部门、地址、电话、电子邮件、网页等，如图 3-14 中的"组织"节点所示，这部分的内容都很简单，请自行浏览这些字段。

图 3-14　组织信息

2. 设置账户过期

在"账户"节点内的"账户过期"选项区中设置账户过期，默认为"从不"，要设置过期时间，可单击"结束日期"单选按钮，然后输入格式为 yyyy/mm/dd 的过期日期即可，如图 3-15 所示。

图 3-15　设置账户过期

3. 设置登录时段

登录时段用来指定用户可以登录到域的时间段,默认是任何时间段都可以登录域。若要改变设置,请单击图 3-16 中的"登录小时"按钮,然后在"登录小时数"对话框中设置。"登录小时数"对话框中横轴的每一方块代表一小时,纵轴每一方块代表一天,填满方块与空白方块分别代表允许与不允许登录的时间段,默认开放所有时间段。选好时段后,单击"允许登录"或"拒绝登录"单选按钮来允许或拒绝用户在上述时间段登录。本例允许 Alice 在工作时间:星期一至星期五每天 8:00—18:00 登录。

图 3-16 允许 Alice 在工作时间内登录

4. 限制用户只能够通过某些计算机登录

一般域用户默认可以利用任何一台域成员计算机(域控制器除外)来登录域,不过也可以通过下面的方法来限制用户只可以利用某些特定计算机来登录域:单击图 3-17 中的"登录到"按钮,在"登录到"对话框中选中"下列计算机"单选按钮,输入计算机名称后单击"添加"按钮,计算机名称可为 NetBIOS 名称(如 MS1)或 DNS 名称(如 MS1.long60.cn)。这样配置后,只有在 MS1 计算机上才能使用 Alice 账户登录域 long60.cn。

3.1.9 域组账户

如果能够使用组(group)来管理用户账户,就必定能够减轻许多网络管理负担。例如,针对网络部组设置权限后,此组内的所有用户都会自动拥有此权限,因此就不需要设置每一个用户。

注意:域组账户也都有唯一的安全标识符。whoami/users 命令显示当前用户的信

图 3-17　限制 Alice 只能在 MS1 上登录

息和安全标识符；whoami/groups 命令显示当前用户的组成员信息、账户类型、安全标识符和属性；whoami/? 命令显示该命令的常见用法。

1. 域内的组类型

AD DS 的域组分为下面两种类型，且它们之间可以相互转换。

- 安全组（security group）。可以被用来分配权限与权利，例如，可以指定安全组对文件具备读取的权限；也可以用在与安全无关的工作上，例如，可以给安全组发送电子邮件。
- 通信组（distribution group）。用在与安全（权限与权利设置等）无关的工作上，例如，可以给通信组发送电子邮件，但是无法为通信组分配权限与权利。

2. 组的使用范围

从组的使用范围来看，域内的组分为本地域组（domain local group）、全局组（global group）和通用组（universal group）3 种，见表 3-1。

（1）本地域组。本地域组主要被用来分配其所属域内的访问权限，以便访问该域内的资源。

- 本地域组的成员可以包含任何一个域内的用户、全局组、通用组，也可以包含相同域内的本地域组，但无法包含其他域内的本地域组。
- 本地域组只能够访问该域内的资源，无法访问其他不同域内的资源。换句话说，在设置权限时，只可以设置相同域内的本地域组的权限，无法设置其他不同域内的本地域组的权限。

表 3-1 组的使用范围

特　　性	本 地 域 组	全　局　组	通　用　组
可包含的成员	所有域内的用户、全局组、通用组；相同域内的本地域组	相同域内的用户与全局组	所有域内的用户、全局组、通用组
可以在哪一个域内被分配权限	同一个域	所有域	所有域
组转换	可以被转换成通用组（只要原组内的成员不包含本地域组即可）	可以被转换成通用组（只要原组不隶属于任何一个全局组即可）	可以被转换成本地域组；可以被转换成全局组（只要原组内的成员不含通用组即可）

（2）全局组。全局组主要用来组织用户，也就是可以将多个即将被赋予相同权限的用户账户加入同一个全局组内。

- 全局组内的成员只可以包含相同域内的用户与全局组。
- 全局组可以访问任何一个域内的资源。也就是说，可以在任何一个域内设置全局组的权限（这个全局组可以位于任何一个域内），以便让此全局组具备权限来访问该域内的资源。

（3）通用组。

- 通用组可以在所有域内为通用组分配访问权限，以便访问所有域内的资源。
- 通用组具备万用领域的特性，其成员可以包含林中任何一个域内的用户、全局组、通用组，但是它无法包含任何一个域内的本地域组。
- 通用组可以访问任何一个域内的资源，也就是说，可以在任何一个域内设置通用组的权限（这个通用组可以位于任何一个域内），以便让此通用组具备权限来访问该域内的资源。

3.1.10　建立与管理域组账户

1. 组的新建、删除与重命名

要创建域组时，可选择"服务器管理器"→"工具"→"Active Directory 管理中心"命令，展开域名，单击容器或组织单位（如网络部），单击右侧任务窗格的"新建"→"组"选项，然后在图 3-18 中输入组名、供旧版网络操作系统访问的组名，选择组类型与组范围等。若要删除组，则选中组账户并右击，在弹出的快捷菜单中选择"删除"命令即可。

2. 添加组的成员

将用户、组等加入组内的方法为：在图 3-19 中，单击"成员（M）"→"添加"→"高级"→"立即查找"按钮，选取要被加入的成员（按 Shift 键或 Ctrl 键可同时选择多个账户），单击"确定"按钮。本例将 Alice、Bob、Jhon 加入东北组。

图 3-18　创建组

图 3-19　添加组成员

3. AD DS 内置的组

AD DS 有许多内置组，它们分别隶属于本地域组、全局组、通用组与特殊组。

（1）内置的本地域组。这些本地域组本身已被赋予了一些权利与权限，以便让其具备管理 AD DS 域的能力。只要将用户或组账户加入这些组内，这些账户就会自动具备相同的权利与权限。

• Account Operators。其成员默认可在容器与组织单位内添加、删除或修改用户、

90

组与计算机账户,不过部分内置的容器例外,如 Builtin 容器与 Domain Controllers 组织单位,同时也不允许在部分内置的容器内添加计算机账户,如 Users。它们也无法更改大部分组的成员,如 Administrators 等。

- Administrators。其成员具备系统管理员权限,对所有域控制器拥有最大控制权,可以执行 AD DS 管理工作。
- Backup Operators。其成员可以通过 Windows Server Backup 工具来备份与还原域控制器内的文件,不管它们是否有权限访问这些文件。其成员也可以对域控制器执行关机操作。
- Guests。其成员无法永久改变其桌面环境,当它们登录时,系统会为它们建立一个临时的用户配置文件,而注销时,此配置文件就会被删除。此组默认的成员为用户账户 Guest 与全局组 Domain Guests。

(2) 内置的全局组。AD DS 内置的全局组本身并没有任何的权力与权限,但是可以将其加入具备权力或权限的本地域组内,或另外直接分配权力或权限给此全局组。

(3) 内置的通用组。

- Enterprise Admins。此组只存在于林根域,其成员有权管理林内的所有域。此组默认的成员为林根域内的用户 Administrator。
- Schema Admins。此组只存在于林根域,其成员具备管理架构的权力。此组默认的成员为林根域内的用户 Administrator。

(4) 特殊组账户。除了前面介绍的组外,还有一些特殊组,而用户无法更改这些特殊组的成员。下面列出了几个经常使用的特殊组。

- Everyone。任何一位用户都属于这个组。若 Guest 账户被启用,则在分配权限给 Everyone 时需小心,因为若某位在计算机内没有账户的用户通过网络来登录这台计算机,他就会被自动允许利用 Guest 账户来连接,此时因为 Guest 也隶属于 Everyone 组,所以他将具备 Everyone 拥有的权限。
- Anonymous Logon。任何未利用有效的普通用户账户来登录的用户都隶属于此组。Anonymous Logon 默认并不隶属于 Everyone 组。

3.1.11　掌握组的使用原则

为了让网络管理更为容易,同时为了减轻以后维护的负担,在利用组来管理网络资源时,建议尽量采用下面的原则,尤其是大型网络。

- A、G、DL、P 原则。
- A、G、G、DL、P 原则。
- A、G、U、DL、P 原则。
- A、G、G、U、DL、P 原则。

其中,A 代表用户账户,G 代表全局组,DL 代表本地域组,U 代表通用组,P 代表权限。

3.2　项目设计与准备

本项目的网络拓扑图如图 3-20 所示。任务 3-1 将使用 MS1 计算机，任务 3-2 将使用 Server1、Server2 和 MS1 这 3 台计算机，其他计算机在本项目中不需要。

角色：第1台域控制器、DNS服务器
主机名：Server1
IP地址：192.168.10.1/24
DNS:192.168.10.1

角色：第2台域控制器（china子域）
主机名：Server2
IP地址：192.168.10.2/24
DNS:192.168.10.1

long60.cn

角色：成员服务器
主机名：MS1
IP地址：192.168.10.100/24
DNS:192.168.10.1

图 3-20　项目网络拓扑图

为了提高效率，建议将不使用的计算机在 VMware 中挂起或关闭。

3.3　项 目 实 施

任务 3-1　在成员服务器上管理本地账户和组

1. 创建本地用户账户

用户可以在 MS1 上以本地管理员账户登录计算机，使用"计算机管理"中的"本地用户和组"管理单元来创建本地用户账户，而且用户必须拥有管理员权限。创建本地用户账户 student1 的步骤如下。

STEP 1 选择"服务器管理器"→"工具"→"计算机管理"命令，打开"计算机管理"窗口。

STEP 2 在窗口中展开"本地用户和组"选项，在"用户"目录上右击，在弹出的快捷菜单中选择"新用户"命令，如图 3-21 所示。

STEP 3 打开"新用户"对话框，输入用户名、全名、描述和密码，如图 3-22 所示。可以设置密码选项，包括"用户下次登录时须更改密码""用户不能更改密码""密码永不过期""账户已禁用"等。设置完成后，单击"创建"按钮，新增用户账户。创建完用户后，单击"关闭"按钮，返回"计算机管理"窗口。

有关密码的选项如下。

• 密码：要求用户输入密码，系统用"＊"显示。

图 3-21　选择"新用户"命令

图 3-22　"新用户"对话框

- 确认密码：要求用户再次输入密码，以确认输入正确与否。
- 用户下次登录时须更改密码：要求用户下次登录时必须修改该密码。
- 用户不能更改密码：通常用于多个用户共用一个用户账户，如 Guest 等。
- 密码永不过期：通常用于 Windows Server 2019 的服务账户或应用程序所使用的用户账户。
- 账户已禁用：禁用用户账户。

2. 设置本地用户账户的属性

用户账户不只包括用户名和密码等信息，为了管理和使用方便，一个用户还包括其他属性,如用户隶属的用户组、用户配置文件、用户的拨入权限、终端用户设置等。

在"本地用户和组"的右窗格中,双击刚刚建立的 student1 用户,打开图 3-23 所示的"student1 属性"对话框。

(1)"常规"选项卡。可以设置与账户有关的描述信息,如全名、描述、账户选项等。管理员可以设置密码选项或禁用账户。如果账户已经被系统锁定,管理员可以解除锁定。

(2)"隶属于"选项卡。在"隶属于"选项卡中,可以设置将该账户加入其他本地组中。为了管理方便,通常都需要为用户组(见图 3-24)分配与设置权限。用户属于哪个组,就具有该用户组的权限。新增的用户账户默认加入 users 组,users 组的用户一般不具备一些特殊权限,如安装应用程序或修改系统设置等。所以当要分配给这个用户一些权限时,可以将该用户账户加入其他组,也可以单击"删除"按钮,将用户从一个或几个用户组中删除。例如,将 student1 添加到管理员组的操作步骤如下。

图 3-23 "student1 属性"对话框

图 3-24 "隶属于"选项卡

单击图 3-24 中的"添加"按钮,在图 3-25 所示的"选择组"对话框中直接输入组的名称,如管理员组的名称 Administrator、高级用户组的名称 Power users。输入组名称后,若需要检查名称是否正确,则单击"检查名称"按钮,名称会变为 MS1\Administrators。前面部分表示本地计算机名称,后面部分为组名称。如果输入了错误的组名称,检查时,系统将提示找不到该名称,并提示更改,再次搜索。

如果不希望手动输入组名称,也可以单击"高级"按钮,再单击"立即查找"按钮,从列表中选择一个或多个组(同时按 Ctrl 键或 Shift 键),如图 3-26 所示。

(3)"配置文件"选项卡。在"配置文件"选项卡中可以设置用户账户的配置文件路径、登录脚本和主文件夹路径,如图 3-27 所示。

图 3-25　"选择组"对话框

图 3-26　查找可用的组

管理员在为用户提供主文件夹时,应考虑以下因素:用户可以通过网络中任意一台联网的计算机访问其主文件夹;在对用户文件进行集中备份和管理时,基于安全性考虑,应将用户主文件夹存放在 NTFS 卷中,可以利用 NTFS 的权限来保护用户文件(放在 FAT 卷中只能通过共享文件夹权限来限制用户对主目录的访问)。

(4)登录脚本。登录脚本是用户登录计算机时自动运行的脚本文件,脚本文件的扩展名可以是 VBS、BAT 或 CMD。

其他选项卡(如"拨入""远程控制"选项卡)请参考 Windows Server 2019 的帮助文件。

图 3-27   "配置文件"选项卡

3. 删除本地用户账户

当用户不再需要使用某个账户时,可以将其删除。因为删除用户账户会导致与该账户有关的所有信息遗失,所以在删除之前,最好确认其必要性或者考虑用其他方法,如禁用该账户。许多企业给临时员工设置了 Windows 账户,当临时员工离开企业时将账户禁用,新来的临时员工需要用该账户时只需改名即可。

在"计算机管理"控制台中,右击要删除的用户账户,可以执行删除操作,但是系统内置账户如 Administrator、Guest 等无法删除。

在前面提到,每个用户都有一个名称之外的唯一 SID,SID 在新增账户时由系统自动产生,不同账户的 SID 不会相同。由于系统在设置用户的权限、访问控制列表中的资源访问能力信息时,内部都使用 SID,所以一旦用户账户被删除,这些信息也就跟着消失了。重新创建一个名称相同的用户账户,也不能获得原先用户账户的权限。

4. 使用命令行创建用户

重新以管理员的身份登录 MS1 计算机,然后使用命令行方式创建一个新用户,命令格式如下(注意密码要满足密码复杂度要求)。

```
net user username password /add
```

例如,要建立一个名为 mike 且密码为 P@ssw0rd 的用户,可以使用以下命令。

```
net user mike P@ssw0rd /add
```

要修改旧账户的密码,可以按如下步骤操作。

STEP 1 打开"计算机管理"窗口。

STEP 2 在窗口中单击"本地用户和组"选项。

STEP 3 右击要重置密码的用户账户,在弹出的快捷菜单中选择"设置密码"命令。

STEP 4 阅读警告消息。如果要继续,则单击"继续"按钮。

STEP 5 在"新密码"和"确认密码"中输入新密码,然后单击"确定"按钮。

也可以使用如下命令行方式修改旧账户的密码。

```
net user username password
```

例如,将用户 mike 的密码设置为 P@ssw0rd3(必须符合密码复杂度要求),可以运行以下命令。

```
net user mike P@ssw0rd3
```

5. 创建本地组

Windows Server 2019 计算机在运行某些特殊功能或应用程序时,可能需要特定的权限。为这些任务创建一个组并将相应的成员添加到组中是一个很好的解决方案。对计算机被指定的大多数角色来说,系统都会自动创建一个组来管理该角色。例如,如果计算机被指定为 DHCP 服务器,相应的组就会添加到计算机中。

要创建一个新组 common,首先打开"计算机管理"窗口。右击"组"文件夹,在弹出的快捷菜单中选择"新建组"命令。在"新建组"对话框中输入组名和描述,然后单击"添加"按钮向组中添加成员,如图 3-28 所示。

另外,也可以使用命令行方式创建一个组,命令格式如下。

图 3-28 新建组

```
net localgroup groupname /add
```

例如,要添加一个名为 sales 的组,可以输入如下命令。

```
net localgroup sales /add
```

6. 为本地组添加成员

可以将对象添加到任何组。在域中,这些对象可以是本地用户、域用户,或者是其他本地组或域组。但是在工作组环境中,本地组的成员只能是用户账户。

将成员 mike 添加到本地组 common,可以执行以下操作。

STEP 1 选择"服务器管理器"→"工具"命令,打开"计算机管理"窗口。

STEP 2 在左窗格中展开"本地用户和组"选项,双击"组"文件夹,在右窗格中显示本地组。

STEP 3 双击要添加成员的组 common,打开组的"属性"对话框。

STEP 4 单击"添加"按钮,选择要加入的用户 mike 即可。

如果使用命令行进行以上操作,可以使用如下命令。

```
net localgroup groupname username /add
```

例如,将用户 mike 加入 administrators 组中,可以使用如下命令。

```
net localgroup administrators mike /add
```

任务 3-2   使用 A、G、U、DL、P 原则管理域组

1. 任务背景

未名公司目前正在实施某工程,该工程需要总公司工程部和分公司工程部协同,需要创建一个共享目录,供总公司工程部和分公司工程部共享数据,公司决定在子域控制器 china.long60.cn 上临时创建共享目录 projects_share。请通过权限分配使总公司工程部和分公司工程部用户对共享目录有写入和删除权限。网络拓扑图如图 3-29 所示。

角色：第1台域控制器&DNS服务器
主机名：Server1
IP地址：192.168.10.1/24
DNS：192.168.10.1

共享文件夹

角色：域控制器&DNS服务器
主机名：Server2.china.long60.cn
IP地址：192.168.10.2/24
首选DNS：192.168.10.1
备用DNS:192.168.10.2

long60.cn

客户机   父域工程部用户

china.long60.cn

子域工程部用户   客户机

图 3-29   网络拓扑图

2. 任务分析

为本项目创建的共享目录需要对总公司工程部和分公司工程部用户配置写入和删除权限。解决方案如下。

(1) 在总公司 Server1 和分公司 Server2 上创建相应工程部员工用户。

（2）在总公司 Server1 上创建全局组 project_long_Gs，并将总公司工程部用户加入该全局组；在分公司上创建全局组 project_china_Gs，并将分公司工程部用户加入该全局组。

（3）在总公司 Server1（林根）上创建通用组 project_long_Us，并将总公司和分公司的工程部全局组配置为成员。

（4）在子公司 Server2 上创建本地域组 project_china_DLs，并将通用组 project_long_Us 加入本地域组。

（5）创建共享目录 projects_share，配置本地域组权限为读写权限。

实施后面临的问题如下。

第一，总公司工程部员工新增或减少。总公司管理员直接对工程部用户进行 project_long_Gs 全局组的加入与退出。

第二，分公司工程部员工新增或减少。分公司管理员直接对工程部用户进行 project_china_Gs 全局组的加入与退出。

3. 任务实施

STEP 1　在总公司 Server1 上创建 Project 组织单位，在总公司的 Project 组织单位中创建 Project_userA 和 Project_userB 工程部员工用户（右击 Project 选项，在弹出的快捷菜单中选择"新建"→"用户"命令，直接在"姓名"和"用户登录名"选项下输入字段即可，用户密码必须符合复杂度要求），如图 3-30 所示。

图 3-30　在父域上创建工程部员工

STEP 2　在分公司 Server2 上创建 Project 组织单位，在分公司的 Project 组织单位中创建 Project_user1 和 Project_user2 工程部员工用户，如图 3-31 所示。

图 3-31　在子域上创建工程部员工

STEP 3　在总公司 Server1 上创建全局组 Project_ long_Gs，并双击该全局组，单击"成员"→"添加"→"高级"→"立即查找"按钮，将总公司工程部用户 Project_userA 和 Project_ userB 加入该全局组，如图 3-32 所示。

图 3-32　将父域工程部用户添加到组

STEP 4　在分公司 Server2 上创建全局组 Project_ china_Gs，并将分公司工程部用户加入该全局组。

STEP 5　在总公司 Server1（林根）上创建通用组 Project_long_Us，并双击该全局组，单击"成员"→"添加"→"高级"按钮，"查找位置"处选择"整个目录"，单击"立即查找"按钮，将总公司和分公司的工程部全局组配置为成员（由于在不同域中，加入时要注意"位置"信息，该例中设为"整个目录"），如图 3-33 所示。

STEP 6　在子公司 china 的 Server2 上创建本地域组 Project_china_DLs，并将通用

组 Project_long_Us 加入本地域组(加入时,重找范围是"整个目录"),如图 3-34 所示。

图 3-33 将全局组添加到通用组

图 3-34 将通用组添加到本地域组

STEP 7 在 Server2 上创建共享目录 Projects_share,右击该目录,在弹出的快捷菜单中选择"属性"命令。再在打开的对话框单击"共享"选项卡,选择"共享..."命令,打开"网络访问"窗口。在下拉列表中选择查找个人,找到本地域组 Project_china_DLs 并添加。将读写的权限赋予该本地域组，如图 3-35 所示，然后单击"共享"按钮，最后单击"完成"按钮，完成共享目录的设置。

图 3-35　设置共享文件夹的共享权限

注意：权限设置还可以结合 NTFS 权限，详细内容请参考相关书籍，在此不再赘述。

STEP 8 总公司工程部员工新增或减少：总公司管理员直接对工程部用户进行 Project_long_ Gs 全局组的加入与退出。

STEP 9 分公司工程部员工新增或减少：分公司管理员直接对工程部用户进行 Project_china_ Gs 全局组的加入与退出。

4．测试验证

STEP 1 在客户机 MS1 上（DNS 服务器的 IP 地址一定要设为 192.168.10.1 和 192.168.10.2），右击"开始"菜单，在弹出的快捷菜单中选择"运行"命令，在"运行"对话框中输入 UNC 路径\\Server2.china.long60.cn\Projects_share，在弹出的"凭据"对话框中输入总公司域用户名 Project_userA@long60.cn 及密码，能够成功读取和写入文件，如图 3-36 所示。

图 3-36　访问共享目录

STEP 2 注销 MS1 客户机，重新登录后，使用分公司域用户名 Project_user1@ china.long60.cn 访问\\Server2.china.long60.cn\projects_share 共享目录，能够成功读取和写入文件，如图 3-37 所示。

图 3-37　注销 MS1 客户机后再访问共享目录

STEP 3 再次注销 MS1 客户机，重新登录后，使用总公司域用户名 domainuser1@ long60.cn 访问\\Server2.china.long60.cn\Projects_share 共享目录，提示没有访问权限，因为 Alice 用户不是工程部用户，如图 3-38 所示。

图 3-38　提示没有访问权限

注意：如果本例中的账户是首次登录，请将账户选项"用户下次登录时须更改密码"前面的对钩去掉，以免出现输入密码正确却不能访问共享文件的问题。

3.4　习　　题

一、填空题

1. 账户的类型分为_____、_____、_____。

2. 根据服务器的工作模式，组分为_____、_____。

3. 在工作组模式下，用户账户存储在_____中；在域模式下，用户账户存储在_____中。

4. 在活动目录中，组按照能够授权的范围，分为_____、_____、_____。

5. 你创建了一个名为 Helpdesk 的全局组，其中包含所有帮助账户。你希望帮助人员能在本地桌面计算机上执行任何操作，包括取得文件所有权，最好使用_____内置组。

二、选择题

1. 在设置域账户属性时，(　　)项目是不能被设置的。
    A. 账户登录时间
    B. 账户的个人信息
    C. 账户的权限
    D. 指定账户登录域的计算机

2. 下列账户名不是合法的是(　　)。
    A. abc_234
    B. Linux book
    C. doctor *
    D. addeofHELP

3. 下面用户不是内置本地域组成员的是(　　)。
    A. Account Operator
    B. Administrator
    C. Domain Admins
    D. Backup Operators

4. 公司聘用了 10 名新雇员，你希望这些新雇员通过 VPN 连接接入公司总部。你创建了新用户账户，并将总部中的共享资源的"允许读取"和"允许执行"权限授予新雇员，但是，新雇员无法访问总部的共享资源。你需要确保用户能够建立可接入总部的 VPN 连接，应该(　　)。
    A. 授予新雇员"允许完全控制"权限
    B. 授予新雇员"允许访问拨号"权限
    C. 将新雇员添加到 Remote Desktop Users 安全组
    D. 将新雇员添加到 Windows Authorization Access 安全组

5. 公司有一个 Active Directory 域。有个用户试图从客户端计算机登录到域，但是收到以下消息："此用户账户已过期，请管理员重新激活该账户"。你需要确保该用户能够登录到域，应该(　　)。
    A. 修改该用户账户的属性，将该账户设置为永不过期
    B. 修改该用户账户的属性，延长"登录时间"设置
    C. 修改该用户账户的属性，将密码设置为永不过期
    D. 修改默认域策略，缩短账户锁定持续时间

6. 公司有一个 Active Directory 域名为 intranet.smile60.cn。所有域控制器都运行 Windows Server 2019。域功能级别和林功能级别都设置为 Windows 2008 纯模式。你需要确保用户账户有 UPN 后缀 smile60.cn。应该(　　)。
    A. 将 smile60.cn 林功能级别提升到 Windows Server 2016
    B. 将 smile60.cn 域功能级别提升到 Windows Server 2016
    C. 将新的 UPN 后缀添加到林
    D. 将 Default Domain Controllers 组策略对象（GPO）中的 Primary DNS Suffix 选项设置为 smile60.cn

7. 公司有一个总部和 10 个分部。每个分部有一个 Active Directory 站点,其中包含一台域控制器。只有总部的域控制器被配置为全局编录服务器。你需要在分部域控制器上停用"通用组成员身份缓存"(UGMC)选项。应在(　　)中停用 UGMC。

　　A. 站点　　　　　　　B. 服务器　　　　　　　C. 域　　　　　　　D. 连接对象

8. 公司有一个单域的 Active Directory 域林,该域的功能级别是 Windows Server 2016,你需要执行以下活动。

① 创建一个全局通信组。

② 将用户添加到该全局通信组。

③ 在 Windows Server 2019 成员服务器上创建一个共享文件夹。

④ 将该全局通信组放入有权访问该共享文件夹的本地域组中。

⑤ 你需要确保用户能够访问该共享文件夹。

应该(　　)。

　　A. 将林功能级别提升为 Windows Server 2016

　　B. 将该全局通信组添加到 Domain Administrators 组中

　　C. 将该全局通信组的组类型更改为安全组

　　D. 将该全局通信组的作用域更改为通用通信组

三、简答题

1. 简述通用组、全局组和本地域组的区别。

2. 你负责管理所属组的成员的账户以及对资源的访问权。组中的某个用户离开了公司,你希望在几天内有人来代替该员工。对于前用户的账户,你应该如何处理?

3. 你需要在 AD DS 中创建数百个计算机账户,以便为无人参与安装预先配置这些账户。创建如此大量的账户的最佳方法是什么?

4. 有用户报告他们无法登录到自己的计算机,错误消息表明计算机和域之间的信任关系中断,如何修正该问题?

5. BranchOffice_Admins 组对 BranchOffice_OU 中的所有用户账户有完全控制权限。对于从 BranchOffice_OU 移入 HeadOffice_OU 的用户账户,BranchOffice_Admins 对该账户将有何权限?

3.5　项目实训　管理用户账户和组账户

一、实训目的

- 掌握创建用户账户的方法。
- 掌握创建组账户的方法。
- 掌握管理用户账户的方法。
- 掌握管理组账户的方法。
- 掌握组的使用原则。

管理用户账户和组

二、项目环境

本项目实训部署在图 3-20 所示的环境下，本例中用到 Server1 和 MS1 两台计算机。其中 Server1 和 MS1 是 VMware（或者 Hyper-V 服务器）的 2 台虚拟机，Server1 是域 long60.cn 的域控制器，MS1 是域 long60.cn 的成员服务器。本地用户和组的管理在 MS1 上进行，域用户和组的管理在 Server1 上进行，在 MS1 上进行测试。

三、做一做

读者独立完成项目实训，检查学习效果。

项目4 配置与管理基本磁盘和动态磁盘

Windows Server 2019 的存储管理无论是技术上还是功能上都比以前的 Windows 版本有了很大改进和提高,磁盘管理提供了更好的管理界面和性能。

掌握基本磁盘和动态磁盘的配置与管理,以及为用户分配磁盘配额的方法,是对一个网络管理员最基础的要求。

本项目学习要点

- 掌握磁盘的基本知识。
- 掌握管理基本磁盘的方法。
- 掌握管理动态磁盘的方法。
- 掌握管理磁盘配额的方法。
- 掌握常用的磁盘管理命令。

4.1 项目基础知识

在数据被存储到磁盘之前,该磁盘必须被划分成一个或数个磁盘分区。图 4-1 所示为一个磁盘(一块硬盘)被分割为 3 个磁盘分区。

在磁盘内有一个被称为磁盘分区表的区域,用来存储磁盘分区的相关数据,如每一个磁盘分区的起始地址、结束地址、是否为活动(active)的磁盘分区等信息。

4.1.1 MBR 磁盘与 GPT 磁盘

磁盘按分区表的格式可以分为主引导记录(master boot record,MBR)磁盘与全局唯一标识分区表(GUID partition table,GPT)磁盘两种磁盘格式。

磁盘

图 4-1 磁盘被分割
为 3 个分区

认识基本磁盘
与动态磁盘

- MBR 磁盘。MBR 磁盘使用的是旧的传统磁盘分区表格式，其磁盘分区表存储在 MBR 内，如图 4-2 左半部所示。MBR 位于磁盘最前端，使用传统 BIOS（基本输入/输出系统，是固化在计算机主板上一个 ROM 芯片上的程序）的计算机，其启动时 BIOS 会先读取 MBR，并将控制权交给 MBR 内的程序代码，然后由此程序代码来继续后续的启动工作。MBR 磁盘所支持的硬盘最大容量为 2.2TB（1TB＝1024GB）。

图 4-2　MBR 磁盘与 GPT 磁盘

- GPT 磁盘。GPT 磁盘是一种新的磁盘分区表格式，其磁盘分区表存储在 GPT 内，如图 4-2 右半部所示。它位于磁盘的前端，而且它有主分区表与备份分区表，可提供容错功能。使用新式 UEFI BIOS 的计算机，其 BIOS 会先读取 GPT，并将控制权交给 GPT 内的程序代码，然后由此程序代码来继续后续的启动工作。GPT 磁盘所支持的硬盘最大容量超过 2.2TB。

可以利用图形接口的磁盘管理工具或 Diskpart 命令将空的 MBR 磁盘转换成 GPT 磁盘，或将空的 GPT 磁盘转换成 MBR 磁盘。

提示：①为了兼容起见，GPT 磁盘内提供了受保护的 MBR，让仅支持 MBR 的程序仍然可以正常运行。②可以在 BIOS Setup 里设置采用何种启动模式，如图 4-3 所示。

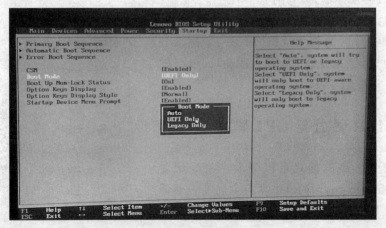

图 4-3　设置启动模式

4.1.2　认识基本磁盘

Windows 操作系统又将磁盘分为基本磁盘与动态磁盘两种类型。

- 基本磁盘：旧式的传统磁盘系统，新安装的硬盘默认是基本磁盘。
- 动态磁盘：它支持多种特殊的磁盘分区，其中有的可以提高系统访问效率，有的可以提供容错功能，有的可以扩大磁盘的使用空间。

下面先介绍基本磁盘。

1. 主要与扩展磁盘分区

磁盘分区分为以下两种。

- 主磁盘分区。主磁盘分区可以用来启动操作系统。计算机启动时，MBR 或 GPT 内的程序代码会到活动的磁盘分区内读取与执行启动程序代码，然后将控制权交给此启动程序代码来启动相关的操作系统。
- 扩展磁盘分区。扩展磁盘分区只能用来存储文件，无法用来启动操作系统，也就是说，MBR 或 GPT 内的程序代码不会到扩展磁盘分区内读取与执行启动程序代码。

一个 MBR 磁盘内最多可建立 4 个主磁盘分区，或最多 3 个主磁盘分区加上 1 个扩展磁盘分区（见图 4-4 左半部）。每一个主磁盘分区都可以被赋予一个驱动器号，如"C:" "D:"等。扩展磁盘分区内可以建立多个逻辑驱动器。基本磁盘内的每一个主磁盘分区或逻辑驱动器又被称为基本卷（basic volume）。

图 4-4　基本磁盘的分区

卷是由一个或多个磁盘分区所组成的，我们在后面介绍动态磁盘时会介绍包含多个磁盘分区的卷。

Windows 操作系统的一个 GPT 磁盘内最多可以建立 128 个主磁盘分区（见图 4-4 右半部），而每一个主磁盘分区都可以被赋予一个驱动器号（最多只有 A～Z 共 26 个驱动器号可用）。由于可以有 128 个主磁盘分区，因此 GPT 磁盘不需要扩展磁盘分区。大于

2.2TB 的磁盘分区需使用 GPT 磁盘。较旧版本的 Windows 操作系统（如 Windows 2000、32 位的 Windows XP 等）无法识别 GPT 磁盘。

2. 活动卷与系统卷

Windows 操作系统又将磁盘区分为启动分区（boot volume）与系统分区（system volume）两种。

- 启动分区。它是用来存储 Windows 操作系统文件的磁盘分区。操作系统文件通常是存放在 Windows 文件夹内的，此文件夹所在的磁盘分区就是启动分区，如图 4-5 的 MBR 磁盘所示，其左半部与右半部的"C:"磁盘驱动器都是存储系统文件（Windows 文件夹）的磁盘分区，所以它们都是启动分区。启动分区可以是主磁盘分区或扩展磁盘分区内的逻辑驱动器。
- 系统分区。如果将系统启动的程序分为两个阶段来看，系统分区就是用于存储第 1 阶段所需要的启动文件（如 Windows 启动管理器 bootmgr）。系统利用其中存储的启动信息，就可以到启动分区的 Windows 文件夹内读取启动 Windows 操作系统所需的其他文件，然后进入第 2 阶段的启动程序。如果计算机内安装了多套 Windows 操作系统的话，系统分区内的程序也会负责显示操作系统列表来供用户选择。

例如，图 4-5 左半部的系统保留分区与右半部的"C:"都是系统分区，其中右半部因为只有一个磁盘分区。启动文件与 Windows 文件夹都存储在此处，所以它既是系统分区，也是启动分区。

图 4-5　系统分区与启动分区

在安装 Windows Server 2019 时，安装程序就会自动建立扮演系统分区角色的系统保留分区，且无驱动器号（参考图 4-5 左上半部），包含 Windows 修复环境（Windows Recovery Environment）。可以自行删除此默认分区。图 4-5 右半部所示就只有 1 个磁盘分区。

使用 UEFI BIOS 的计算机可以选择 UEFI 模式或传统模式（以下将其称为 BIOS 模式）来启动 Windows Server 2019。若是 UEFI 模式，则启动磁盘需为 GPT 磁盘，且此磁盘最少需要 3 个 GPT 磁盘分区，如图 4-6 所示。

- EFI 系统分区（efi system partition，ESP）。其文件系统为 FAT32，可用来存储 BIOS/OEM 厂商所需要的文件、启动操作系统所需要的文件（UEFI 的前版被称为 EFI)、Windows 修复环境(Windows RE)等。

- 微软保留分区,又称 MSR(Microsoft reserved partition,MSR)分区,用来保留供操作系统使用的区域。若磁盘的容量小于 16GB,此区域占用约 32MB;若磁盘的容量大于或等于 16GB,则此区域占用约 128MB。
- Windows 磁盘分区。其文件系统为 NTFS,是用来存储 Windows 操作系统文件的磁盘分区。操作系统文件通常放在 Windows 文件夹内。

在 UEFI 模式之下,如果是将 Windows Server 2019 安装到一个空硬盘,则除了以上 3 个磁盘分区之外,安装程序还会自动多建立一个恢复分区,如图 4-7 所示,它将 Windows RE 与 EFI 系统分区分成两个磁盘分区,存储 Windows RE 的恢复分区的容量约 300MB,此时的 EFI 系统分区的容量约 100MB。

图 4-6   UEFI 模式启动下的 GPT 磁盘   图 4-7   UEFI 模式下安装 Windows Server 2019 的 GPT 磁盘分区情况

若是数据磁盘,则至少需要一个 MSR 分区与一个用来存储数据的磁盘分区。UEFI 模式的系统虽然也可以使用 MBR 磁盘,但 MBR 磁盘只能够当作数据磁盘,无法作为启动磁盘。

提示:① 在安装 Windows Server 2019 之前,可能需要先进入 BIOS 内指定以 UEFI 模式工作。例如,将通过 DVD 来启动计算机的方式改为 UEFI,否则可能会以传统 BIOS 模式工作,而不是 UEFI 模式。

② 在 UEFI 模式下安装完 Windows Server 2019 后,系统会自动修改 BIOS 设置,并将其改为优先通过 Windows Boot Manager 来启动计算机。

如果硬盘内已经有操作系统,且此硬盘是 MBR 磁盘,则必须先删除其中的所有磁盘分区,然后再将其转换为 GPT 磁盘,其方法为:在安装过程中通过单击修复计算机进入命令提示符窗口,然后执行 diskpart 程序,接着依序执行 select disk 0、clean、convert gpt 命令。

在文件资源管理器内看不到系统保留分区、恢复分区、EFI 系统分区与 MSR 等磁盘分区。在 Windows 操作系统内置的磁盘管理工具"磁盘管理"内看不到 MBR、GPT、Protective MBR 等特殊信息,虽然可以看到系统保留分区(MBR 磁盘)、恢复分区与 EFI 系统分区等磁盘分区,但还是看不到 MSR 分区,例如,图 4-8 所示的磁盘为 GPT 磁盘,从中可以看到恢复分区与 EFI 系统分区(当然还有 Windows 磁盘分区),但看不到 MSR 分区。

图 4-8　GPT 磁盘的磁盘管理

我们可以通过 diskpart 程序来查看 MSR 分区：打开命令提示符窗口（右击"开始"菜单并选择相应命令）或 Windows PowerShell（在"服务器管理器"的"工具"菜单中），执行 diskpart 命令，然后依次执行 select disk 0、list partition 命令，可以看到 4 个磁盘分区，如图 4-9 所示。

图 4-9　使用 diskpart 程序查看磁盘分区

4.1.3　认识动态磁盘

动态磁盘使用卷（volume）来组织空间，使用方法与基本磁盘分区相似。动态卷可建立在不连续的磁盘空间上，且空间大小可以动态地变更。动态卷的创建数量也不受限制。在动态磁盘中可以建立多种类型的卷，以提供高性能的磁盘存储能力。

1. RAID 技术简介

如何增加磁盘的存取速度，如何防止数据因磁盘故障而丢失，如何有效地利用磁盘空间,这些问题一直困扰着计算机专业人员和用户。RAID技术的产生一举解决了这些问题。

　　RAID是把多个磁盘组成一个阵列,当作单一磁盘使用。它将数据以分段(striping)的方式存储在不同的磁盘中,存取数据时,阵列中的相关磁盘一起动作,从而大幅减少了数据的存取时间,同时有更佳的空间利用率。磁盘阵列所利用的不同技术称为RAID级别。不同的级别针对不同的系统及应用,以解决数据访问性能和数据安全的问题。

　　RAID技术的实现可以分为硬件实现和软件实现两种。现在很多操作系统,如Windows NT以及UNIX等都提供软件RAID技术,其性能略低于硬件RAID,但成本较低,配置管理也非常简单。目前Windows Server 2019网络操作系统支持的RAID级别包括RAID-0、RAID-1、RAID-4和RAID-5。

- RAID-0。RAID-0通常被称作"条带",它是面向性能的分条数据映射技术。这意味着被写入阵列的数据被分割成条带,然后写入阵列中的成员磁盘,从而允许低费用的高效I/O性能,但是不提供冗余性。
- RAID-1。RAID-1被称为"磁盘镜像",通过在阵列中的每个成员磁盘上写入相同的数据来提供冗余性。由于镜像的简单性和高度的数据可用性,目前仍然很流行。RAID-1提供了极佳的数据可靠性,并提高了读取任务繁重的程序的执行性能,但是它的费用也相对较高。
- RAID-4。RAID-4使用集中到单个磁盘驱动器上的奇偶校验来保护数据,更适合事务性的I/O而不是大型文件传输。专用的奇偶校验磁盘同时带来了固有的性能瓶颈。
- RAID-5。RAID-5是目前使用最普遍的RAID类型。通过在某些或全部阵列成员磁盘驱动器中分布奇偶校验,RAID-5避免了RAID-4中固有的写入瓶颈,唯一的性能瓶颈是奇偶计算进程。与RAID-4一样,其结果是非对称性能,读取性能大大超过写入性能。

2. 动态卷类型

　　动态磁盘提供了更好的磁盘访问性能以及容错等功能,可以将基本磁盘转换为动态磁盘,而不损坏原有的数据。动态磁盘若要转换为基本磁盘,则必须先删除原有的卷。

　　在转换磁盘之前需要关闭这些磁盘上运行的程序。如果转换启动盘,或者要转化的磁盘中的卷或分区正在使用,则必须重新启动计算机才能成功转换。转换过程如下。

　　(1)关闭所有正在运行的应用程序,选择"服务器管理器"→"工具"→"计算机管理"→"磁盘管理"命令,在右侧窗格的底端,右击要升级的基本磁盘,在弹出的快捷菜单中选择"转换到动态磁盘"命令。

　　(2)在打开的对话框中,可以选择多个磁盘一起升级。选好之后,单击"确定"按钮,然后单击"转换"按钮即可。

　　Windows Server 2019中支持的动态卷包括以下几类。

- 简单卷(simple volume)。简单卷与基本磁盘的分区类似,只是其空间可以扩展到非连续的空间上。
- 跨区卷(spanned volume)。跨区卷可以将多个磁盘(至少两个,最多32个)上的未分配空间合成一个逻辑卷。使用时先写满一部分空间，再写入下一部分空间。

- 带区卷(striped volume)。带区卷又称条带卷 RAID-0，将 2～32 个磁盘空间上容量相同的空间组合成一个卷，写入时将数据分成 64KB 的大小相同的数据块，同时写入卷的每个成员磁盘的空间上。带区卷提供最好的磁盘访问性能，但是带区卷不能被扩展或镜像，并且没有容错功能。

- 镜像卷(mirrored volume)。镜像卷又称为 RAID-1 技术，是将两个磁盘上相同尺寸的空间建立为镜像，有容错功能，但空间利用率只有 50%，实现成本相对较高。

- 带奇偶校验的带区卷。采用 RAID-5 技术，每个独立磁盘进行条带化分割、条带区奇偶校验，校验数据平均分布在每块硬盘上，容错性能好，应用广泛，需要 3 个以上的磁盘。其平均实现成本低于镜像卷。

4.2 项目设计与准备

1. 项目设计

Server1、MS1 和 MS2 是 3 台虚拟机。3 台虚拟机的网络连接模式设置为"仅主机模式"。本项目只用到 MS1 和 MS2，其他虚拟机可以临时关闭或挂起，如图 4-10 所示。

图 4-10　磁盘管理网络拓扑图

2. 项目准备

(1) 在 VMware 中安装独立服务器 MS2（使用 BIOS 启动模式）。

新建虚拟机后，必须先对虚拟机进行设置才能正常安装。有几点提示如下。

① 设置 MS2 虚拟机时，将"选项"选项卡中的固件类型改为 BIOS，如图 4-11 所示。

② 添加一个磁盘：磁盘 1(127GB)。

③ 虚拟机的其他选项设置这里不再赘述。

④ 重新安装计算机，命名为 MS2，IP 地址为 192.168.10.200/24，DNS 服务器的 IP 地址为 192.168.10.1。

(2) 在 MS1 上添加 4 个 SCSI 磁盘。关闭 MS1，在 MS1 上添加 4 个 SCSI 磁盘，每个

图 4-11 固件类型改为 BIOS

磁盘容量为127GB，步骤如下。

STEP 1 打开 VMware Workstation，右击 MS1 虚拟机并选择相应的命令，在弹出的对话框中单击"设置"按钮，出现如图 4-12 所示的设置对话框。单击"添加"按钮，选择硬件类型为"硬盘"，如图 4-13 所示。

图 4-12 添加硬件

图 4-13　硬件类型

STEP 2 单击"下一步"按钮，选择 SCSI 磁盘类型，如图 4-14 所示。再次单击"下一步"按钮，出现图 4-15 所示的"指定磁盘容量"对话框，输入磁盘容量。

图 4-14　选择磁盘类型

STEP 3 单击"下一步"按钮，创建一个虚拟硬盘 MS1.vmdk（如果存在创建好的虚拟硬盘，可以直接单击"浏览"按钮进行选择）。然后单击"完成"按钮，成功添加第一个磁盘，如图 4-16 所示。

STEP 4 同理添加另外 3 块 SCSI 硬盘。

图 4-15 指定磁盘容量

图 4-16 创建虚拟硬盘

4.3 项目实施

注意：任务不一样，使用的计算机也不同（MS1 或者 MS2）。只有 MS2 是采用 BIOS 模式启动的。启动模式不一样会存在不一样的管理。

任务 4-1　管理基本磁盘

在安装 Windows Server 2019 时，硬盘将自动初始化为基本磁盘。基本磁盘上的管理任务包括磁盘分区的建立、删除、查看以及分区的挂载和磁盘碎片整理等。

1. 使用磁盘管理工具（MS1）

Windows Server 2019 提供了一个界面非常友好的磁盘管理工具，使用该工具可以很轻松地完成各种基本磁盘和动态磁盘的配置和管理维护工作。可以使用多种方法打开该工具。

（1）使用"计算机管理"窗口打开。

STEP 1　以管理员身份登录 MS1，打开"计算机管理"窗口。单击"存储"项目中的"磁盘管理"选项，出现图 4-17 所示的对话框，要求对新添加的磁盘进行初始化。

图 4-17　磁盘初始化

注意：如果没有弹出"初始化磁盘"对话框，或者弹出的对话框中要进行初始化的磁盘少于预期，请在相应的新加磁盘上右击，在弹出的快捷菜单中选择"联机"命令。完成后再右击该磁盘，选择"初始化磁盘"命令，对该磁盘进行单独初始化。

STEP 2　单击"确定"按钮，初始化新加的 4 块硬盘。完成后，MS1 就新加了 4 个新磁盘。

（2）使用系统内置的 MSC 控制台文件打开。右击"开始"菜单，选择"运行"命令，在文本框中输入 diskmgmt.msc，并单击"确定"按钮。

磁盘管理工具分别以文本和图形的方式显示出所有磁盘和分区（卷）的基本信息，这些信息包括分区（卷）的驱动器号、磁盘类型、文件系统类型以及工作状态等。在磁盘管理工具的下部，以不同的颜色表示不同的分区（卷）类型，便于用户分辨不同的分区（卷）。

2. 新建基本卷（MS1）

下面的任务是在 MS1 的磁盘 1 上创建主磁盘分区和扩展磁盘分区，并在扩展磁盘分区中创建逻辑驱动器。该如何做呢？

对于 MBR 磁盘，基本磁盘上的分区和逻辑驱动器称为基本卷，基本卷只能在基本磁盘上创建。

注意：由于 GPT 磁盘可以有多达 128 个主磁盘分区，因此不需要扩展磁盘分区。所以将 GPT 磁盘转换为 MBR 磁盘是创建扩展磁盘分区的前提。在磁盘 1 上右击，在弹出的快捷菜单中选择"转换成 MBR 磁盘"命令，可以将 GPT 磁盘转换成 MBR 磁盘，如图 4-18 所示。

（1）创建主磁盘分区。

STEP 1　选择 MS1 计算机的"服务器管理器"→"工具"→"计算机管理"→"磁盘管理"命令，在右侧的窗格中右击"磁盘 1"的未分配空间，选择"新建简单卷"命令，如图 4-19 所示。

图 4-18　将 GPT 磁盘转换成 MBR 磁盘

STEP 2　打开"新建简单卷向导"对话框，单击"下一步"按钮，设置卷的大小为 500MB。

STEP 3　单击"下一步"按钮，分配驱动器号和路径，如图 4-20 所示。

图 4-19　新建简单卷

- 选中"装入以下空白 NTFS 文件夹中"单选按钮，表示指派一个在 NTFS 文件系统下的空文件夹来代表该磁盘分区。例如，用 C:\data 表示该分区，则以后所有保存到 C:\data 的文件都被保存到该分区中。该文件夹必须是空的文件夹，且位于 NTFS 卷内。这个功能特别适用于 26 个磁盘驱动器号（A～Z）不够使用时的网络环境。

图 4-20　分配驱动器号

- 选中"不分配驱动器号或驱动器路径"单选按钮，表示可以事后再指派驱动器号或指派某个空文件夹来代表该磁盘分区。

　　STEP 4　单击"下一步"按钮，选择格式化的文件系统，如图 4-21 所示。格式化结束，单击"完成"按钮，完成主磁盘分区的创建。本例划分给主磁盘分区 500MB 的空间，赋予其驱动器号 E。

图 4-21　格式化分区

STEP 5 可以重复以上步骤创建其他主磁盘分区。

（2）创建扩展磁盘分区。Windows Server 2019 的磁盘管理不能直接创建扩展磁盘分区，必须先创建完 3 个主磁盘分区后才能创建扩展磁盘分区。步骤如下。

STEP 1 继续在 MS1 的磁盘 1 上再创建两个主磁盘分区。

STEP 2 完成 3 个主磁盘分区创建后，在该磁盘未分配空间上右击，在弹出的快捷菜单中选择"新建简单卷"命令。

STEP 3 后面的过程与创建主磁盘分区相似，不同的是当创建完成及显示"状态良好"的分区信息后，系统会自动将刚才这个分区设置为扩展磁盘分区的一个逻辑驱动器，如图 4-22 所示。

图 4-22　3 个主磁盘分区、1 个扩展磁盘分区

3. 更改驱动器号和路径（MS1）

Windows Server 2019 默认为每个分区（卷）分配一个驱动器号后，该分区就成为一个逻辑上的独立驱动器。有时出于管理的目的，可能需要修改默认分配的驱动器号。

还可以使用磁盘管理工具在本地 NTFS 分区（卷）的任何空文件夹中连接或装入一个本地驱动器。当在空的 NTFS 文件夹中装入本地驱动器时，Windows Server 2019 为驱动器分配一个路径而不是驱动器号，可以装载的驱动器数量不受驱动器号限制的影响，因此可以使用挂载的驱动器在计算机上访问 26 个以上的驱动器。Windows Server 2019 确保驱动器路径与驱动器的关联，因此可以添加或重新排列存储设备而不会使驱动器路径失效。

另外，当某个分区的空间不足并且难以扩展空间尺寸时，也可以通过挂载一个新分区到该分区某个文件夹的方法达到扩展磁盘分区尺寸的目的。因此，挂载的驱动器会使数据更容易访问，并增加了基于工作环境和系统使用情况管理数据存储的灵活性。例如，可以在 C:\Document and Settings 文件夹装入带有 NTFS 磁盘配额以及启用容错功能的驱动器，这样用户就可以跟踪或限制磁盘的使用，并保护装入的驱动器上的用户数据，而不用在"C:"驱动器上做同样的工作。也可以将 C:\Temp 文件夹设为挂载驱动器，为临时文件提供额外的磁盘空间。

如果 C 盘上的空间较小，可将程序文件移动到其他大容量驱动器上，如 E 盘，并将它作为 C:\mytext 挂载。这样所有保存在 C:\mytext 文件夹下的文件事实上都保存在 E 分区上。下面完成这个例子。（保证 C:\mytext 在 NTFS 分区上，并且是空白的文件夹。）

STEP 1 在"磁盘管理"窗口中，右击目标驱动器 E，在弹出的快捷菜单中选择"更改 E:（新加卷）驱动器号和路径"命令，打开图 4-23 所示的对话框。

STEP 2 单击"更改"按钮，可以更改驱动器号；单击"添加"按钮，可打开"添加驱动器号或路径"对话框，如图 4-24 所示。

图 4-23　更改驱动器号和路径　　　　　图 4-24　"添加驱动器号或路径"对话框

STEP 3 输入完成后，单击"确定"按钮。

STEP 4 测试。在 C:\text 下新建文件，然后查看 E 盘中的信息，会发现文件实际存储在 E 盘上。

提示：要装入的文件夹一定是事先建立好的空文件夹，该文件夹所在的分区必须是 NTFS 文件系统。

4. 指定活动的磁盘分区（MS2）

如果计算机中安装了多个无法直接相互访问的不同的网络操作系统，如 Windows Server 2019、Linux 等，则计算机在启动时会启动被设为"活动"的磁盘分区内的网络操作系统。

假设当前第 1 个磁盘分区中安装的是 Windows Server 2019，第 2 个磁盘分区中安装的是 Linux，如果第 1 个磁盘分区被设为"活动"，则计算机启动时就会启动 Windows Server 2019。若要下一次启动时启动 Linux，只需将第 2 个磁盘分区设为"活动"即可。

以 x86/x64 计算机来说，系统分区内存储着启动文件，如启动管理器（Bootmgr）等。使用 BIOS 模式工作的计算机启动时，计算机主板上的 BIOS 会读取磁盘内的 MBR，然后由 MBR 去读取系统分区内的启动程序代码［位于系统分区最前端的分区启动扇区（partition boot sector）内］，再由此程序代码去读取系统分区内的启动文件，启动文件再到启动分区内加载操作系统文件并启动操作系统。因为 MBR 是到活动的磁盘分区去读取启动程序代码的，所以必须将系统分区设置为活动。

以管理员身份登录 MS2（使用 BIOS 模式工作），选择"开始"→"Windows 管理工具"→"计算机管理"命令，打开"计算机管理"窗口，单击"磁盘管理"命令，显示图 4-25 所示的窗口。磁盘 0 中第 2 个磁盘分区中安装着 Windows Server 2019，它是启动分区；第 1 个磁盘分区为系统保留分区，它存储着启动文件，如 Bootmgr，由于它是系统分区，因此必须是活动分区。

在安装 Windows Server 2019 时，安装程序会自动建立两个磁盘分区，其中一个为系统保留分区，另一个用来安装 Windows Server 2019（见图 4-25）。安装程序会将启动文

图 4-25　磁盘 0 的启动分区、系统分区和活动分区

件放置到系统保留分区内,并将它设置为"活动",此磁盘分区扮演系统分区的角色。若因特殊原因需要将活动磁盘分区更改为另外一个主磁盘分区,则选中该主磁盘分区右击,在弹出的快捷菜单中选择"将分区标记为活动分区"命令。

注意:只有主磁盘分区可以被设置为活动分区,扩展磁盘分区内的逻辑驱动器无法被设置为活动分区。

任务 4-2　建立动态磁盘卷(MS1)

在 Windows Server 2019 动态磁盘上建立卷,与在基本磁盘上建立分区的操作类似。

1. 创建 1000MB 的 RAID-5 卷

`STEP 1` 以管理员身份登录 MS1,选择"计算机管理"→"磁盘管理"命令,打开"计算机管理-磁盘管理"窗口,右击"磁盘 1",在弹出的快捷菜单中选择"转换为动态磁盘"命令,在打开的对话框中选择"磁盘 1"～"磁盘 4",如图 4-26 所示,单击"确定"按钮,将这 4 个磁盘转换为动态磁盘。请读者特别注意磁盘 1 转换为动态磁盘后其简单卷的变化。

图 4-26　转换为动态磁盘

`STEP 2` 在磁盘 2 的未分配空间上右击,在弹出的快捷菜单中选择"新建 RAID-5卷"命令,打开"新建 RAID-5 卷"对话框。

STEP 3 单击"下一步"按钮，打开"选择磁盘"对话框，如图 4-27 所示。选择要创建的 RAID-5 卷需要使用的磁盘，选择空间容量为 1000MB。对 RAID-5 卷来说，需要选择 3 个以上的动态磁盘，这里选择磁盘 2～磁盘 4。

图 4-27　为 RAID-5 卷选择磁盘

STEP 4 为 RAID-5 卷指定驱动器号和文件系统类型，完成向导设置。

STEP 5 建立完成的 RAID-5 卷如图 4-28 所示。

图 4-28　建立完成的 RAID-5 卷

2. 创建其他卷

建立其他类型动态卷的方法与此类似,右击动态磁盘的未分配空间,在弹出的快捷菜单中按需要选择相应命令,完成不同类型动态卷的建立即可,这里不再赘述。读者可以尝试创建如下动态卷。

- 在磁盘 2 上创建容量为 800MB 的简单卷。
- 在磁盘 3 上创建容量为 200MB 的扩展卷,使容量为 800MB 的简单卷变为 1000MB。
- 在磁盘 2 上创建容量为 1000MB 的跨区卷(只有磁盘上容量不足时才会使用其他磁盘)。
- 在磁盘 2 上创建容量为 1000MB 的带区卷。

任务 4-3　维护动态卷(MS1)

1. 维护镜像卷

在 MS1 上提前建立镜像卷 J,容量为 1000MB,使用磁盘 1 和磁盘 2。在 J 盘上存储一个文件夹 test,供测试使用。(请注意：驱动器号可能与读者的不一样)

不再需要镜像卷的容错能力时,可以选择将镜像卷中断。方法是右击镜像卷,在弹出的快捷菜单中选择"中断镜卷""删除镜像"或"删除卷"命令。

- 如果选择"中断镜卷"命令,则中断后的镜像卷成员会成为两个独立的卷,不再容错。
- 如果选择"删除镜像"命令,则选中的磁盘上的镜像卷被删除,不再容错。
- 如果选择"删除卷"命令,则镜像卷成员会被删除,数据将会丢失。

如果包含部分镜像卷的磁盘已经断开连接,磁盘状态会显示为"脱机"或"丢失"。要重新使用这些镜像卷,可以尝试重新连接并激活磁盘。方法是在要重新激活的磁盘上右击,并在弹出的快捷菜单中选择"重新激活磁盘"命令。

如果包含部分镜像卷的磁盘丢失并且该卷没有返回到"良好"状态,则应该用另一个磁盘上的新镜像替换出现故障的镜像。具体方法如下。

STEP 1　构建故障：在虚拟机 MS1 的设置中,将第 2 块 SCSI 控制器上的硬盘(虚拟机设置中的第 2 个磁盘在计算机中的标号是磁盘 1)删除并单击"应用"按钮。这时回到 MS1,可以看到磁盘 1 显示为"丢失"状态。

STEP 2　在显示为"丢失"或"脱机"的磁盘的"镜像卷"上右击,在弹出的快捷菜单中选择"删除镜像"命令,弹出图 4-29 所示的对话框。然后查看系统日志,以确认磁盘或磁盘控制器是否出现故障。如果出现故障的镜像卷成员位于有故障的控制器上,则在有故障的控制器上安装新的磁盘并不能解决问题。本例直接删除镜像卷后重建。删除镜像卷后仍能在 J 盘上查看到 test 文件夹,说明了镜像卷的容错能力。下面使用新磁盘替换损坏的磁盘重建镜像卷。

STEP 3　右击要重新添加镜像的卷(不是已删除的卷),在弹出的快捷菜单中选择

"添加镜像"命令,打开图 4-30 所示的"添加镜像"对话框。选择合适的磁盘后(如磁盘 3),单击"添加镜像"按钮,系统会使用新的磁盘重建镜像。

图 4-29　从损坏的磁盘上删除镜像　　　　　图 4-30　"添加镜像"对话框

2. 维护 RAID-5 卷

在 MS1 上提前建立 RAID-5 卷 I,容量为 1000MB,使用磁盘 2～磁盘 4。在 I 盘上存储一个文件夹 test,供测试使用。(磁盘符号根据不同情况会有变化)

对于 RAID-5 卷的错误,首先右击该卷,在弹出的快捷菜单中选择"重新激活磁盘"命令进行修复。如果修复失败,则需要更换磁盘并在新磁盘上重建 RAID-5 卷。RAID-5 卷的故障恢复过程如下。

STEP 1　构建故障:在虚拟机 MS1 的设置中,将第 2 块 SCSI 控制器上的硬盘删除并单击"应用"按钮。这时回到 MS1,可以看到"磁盘 2"显示为"丢失"状态,I 盘显示为失败的重复(原来的 RAID-5 卷)。

STEP 2　在"磁盘管理"控制台上,右击将要修复的 RAID-5 卷(在"丢失"的磁盘上),选择"重新激活卷"命令。

STEP 3　由于卷成员磁盘失效,所以会弹出提示"缺少成员"的对话框,单击"确定"按钮。

STEP 4　再次右击将要修复的 RAID-5 卷,在弹出的快捷菜单中选择"修复卷"命令,如图 4-31 所示。

STEP 5　在图 4-32 所示的"修复 RAID-5 卷"对话框中,选择新添加的动态磁盘 0,然后单击"确定"按钮。

STEP 6　在磁盘管理器中,可以看到 RAID-5 卷在新磁盘上重新建立,并进行数据的同步操作。同步完成后,RAID-5 卷的故障被修复成功,上面的文件夹 test 仍然存在。

图 4-31   修复 RAID-5 卷

图 4-32   "修复 RAID-5 卷"对话框

任务 4-4   管理磁盘配额（MS1）

在计算机网络中,系统管理员有一项很重要的任务,即为访问服务器资源的客户机设置磁盘配额,也就是限制它们一次性访问服务器资源的卷空间数量。这样做的目的在于防止某个客户机过量地占用服务器和网络资源,导致其他客户机无法访问服务器和使用网络。

1. 磁盘配额基本概念

在 Windows Server 2019 中，磁盘配额跟踪以及控制磁盘空间的使用，使系统管理员可将 Windows 配置如下。

- 当用户使用空间超过所指定的磁盘空间限额时，阻止进一步使用磁盘空间和记录事件。
- 当用户使用空间超过指定的磁盘空间警告级别时记录事件。

启用磁盘配额时，可以设置两个值："磁盘配额限度"和"磁盘配额警告级别"。"磁盘配额限度"指定了允许用户使用的磁盘空间容量，"磁盘配额警告级别"指定了用户接近其配额限度的值。例如，可以把用户的磁盘配额限度设为 50MB，并把磁盘配额警告级别设为 45MB，这种情况下，用户可在卷上存储不超过 50MB 的文件。如果用户在卷上存储的文件超过 45MB，则把磁盘配额系统记录为系统事件。如果不想拒绝用户访问卷，但想跟踪每个用户的磁盘空间使用情况，启用配额但不限制磁盘空间使用将非常有用。

磁盘配额默认不应用到现有的卷用户上。可以在"配额项目"对话框中添加新的配额项目，将磁盘配额应用到现有的卷用户上。

磁盘配额是以文件所有权为基础的，并且不受卷中用户文件的文件夹位置的限制。例如，如果用户把文件从一个文件夹移到相同卷上的其他文件夹，则卷空间用量不变。

磁盘配额只适用于卷，且不受卷的文件夹结构及物理磁盘的布局的限制。如果卷有多个文件夹，则分配给该卷的配额将应用于卷中所有的文件夹。

如果单个物理磁盘包含多个卷，并把配额应用到每个卷，则每个卷的配额只适用于特定的卷。例如，如果用户共享两个不同的卷，分别是 F 卷和 G 卷，即使这两 2 个卷在相同的物理磁盘上，也会分别对这两个卷的配额进行跟踪。

如果一个卷跨越多个物理磁盘，则整个跨区卷使用该卷的同一配额。例如，如果 F 卷有 50MB 的配额限度，则不管 F 卷是在物理磁盘上还是跨越 3 个磁盘，都不能把超过 50MB 的文件保存到 F 卷。

在 NTFS 文件系统中，卷使用信息按用户安全标识（security identifier，SID）存储，而不是按用户账户名称存储。第一次打开"配额项目"对话框时，磁盘配额必须从网络域控制器或本地用户管理器上获得用户账户名称，并将这些用户账户名称与当前卷用户的 SID 相匹配。

2. 设置磁盘配额

STEP 1 以管理员身份登录 MS1，选择"开始→Windows 管理工具→计算机管理"命令，打开"计算机管理"控制台，单击"磁盘管理"链接，再右击"新加卷 E:"，然后在弹出的快捷菜单中选择"属性"命令，打开"属性"对话框。

STEP 2 单击"配额"选项卡，如图 4-33 所示。

STEP 3 勾选"启用配额管理"复选框，然后为新用户设置磁盘空间限制数值。

STEP 4 若需要对原有的用户设置配额，单击"配额项"按钮，打开图 4-34 所示的窗口。

图 4-33　"配额"选项卡

图 4-34　"配额项"窗口

STEP 5　选择"配额"→"新建配额项"命令,或单击工具栏上的"新建配额项"按钮,打开"选择用户"对话框。单击"高级"→"立即查找"按钮,即可在"搜索结果"列表框中选择当前计算机用户,并设置磁盘配额。关闭配额项窗口。图 4-35 所示即是为 yhl 用户设置磁盘配额。

图 4-35　"添加新配额项"窗口

STEP 6　回到图 4-33 所示的"配额"选项卡。如果需要限制受配额影响的用户使用超过配额的空间,则勾选"拒绝将磁盘空间给超过配额限制的用户"复选框,单击"确定"按钮。

任务 4-5　碎片整理和优化驱动器

计算机磁盘上的文件并非保存在一个连续的磁盘空间上，而是把一个文件分散存放在磁盘的许多地方，人们习惯称这样的分布会浪费磁盘空间为"磁盘碎片"。在经常进行添加和删除文件等操作的磁盘上，这种情况尤其严重。"磁盘碎片"会增加计算机访问磁盘的时间，降低整个计算机的运行性能，因而，计算机在使用一段时间后，就要对磁盘进行碎片整理。

碎片整理和优化驱动器程序可以重新安排计算机硬盘上的文件、程序以及未使用的空间，使得程序运行得更快，文件打开得更快。磁盘碎片整理并不影响数据的完整性。

依次选择"服务器管理器"→"工具"→"碎片整理和优化驱动器"命令，打开图 4-36 所示的"优化驱动器"对话框，对驱动器进行"分析"和"优化"。

图 4-36　优化驱动器

一般情况下，选择要进行磁盘碎片整理的磁盘后，首先要分析一下磁盘分区状态。单击"分析"按钮，可以对所选的磁盘分区进行分析。系统分析完毕后会打开对话框，询问是否对磁盘进行碎片整理。如果需要对磁盘进行优化操作，选中磁盘后，直接单击"优化"按钮即可。

任务 4-6　使用存储空间

存储空间（storage spaces）让我们能够将连接在 Windows Server 2019 服务器的多个物理磁盘组合在一起来使用，并且存储空间还具备容错与自我修复能力，类似于 RAID，但是却又与 RAID 不同。

1. 虚拟磁盘的配置类型

在存储空间的架构之下,存储池是多块物理磁盘的组合。我们需要先在存储池内建立虚拟磁盘(virtual disk),接着在虚拟磁盘内建立卷(volume),然后赋予卷一个驱动器号,最后通过驱动器号来访问其中存储的数据。虚拟磁盘分为以下几种配置类型。

- simple(简单):其数据跨越各磁盘,将数据存储在物理磁盘带区上,从而最大限度提高容量和吞吐量,但是会降低可靠性,这种存储数据布局至少需要 1 个磁盘,并且无法防止发生磁盘故障。
- mirror(镜像):将数据存储在各物理磁盘带区上,以便创建两个或 3 个数据副本,这样可提高可靠性,但是会降低容量。为了防止单磁盘故障,请至少使用 2 个磁盘(如果你使用的是群集,则至少使用 3 个磁盘);为了防止双磁盘故障,请至少使用 5 个磁盘。
- parity(奇偶校验):将数据和奇偶校验信息存储在物理磁盘带区上,这样可提高可靠性,但是会略微降低容量和性能。为了防止单磁盘故障,请至少使用 3 个磁盘;为了防止双磁盘故障,请至少使用 7 个磁盘。

下面我们来完成 2 个存储空间的实例。

2. 存储空间实例 1:使用存储池配置虚拟磁盘

(1)实例要求。
- 在 MS2 上添加 4 块 20GB 磁盘。
- 配置系统软 RAID-10,镜像卷的大小分别为 10GB,最终带区卷的大小为 20GB。
- E 盘开启 BitLocker;加密整个数据盘,密码为 long60,密码文件放置到 G 盘上。

(2)解题思路。
- 首先,添加 3 块大小分别为 20GB 的硬盘。
- 其次,使用上述 3 块硬盘新建存储池,存储池名称为 Webdata,物理磁盘的分配方式为自动。
- 最后,在上述存储池 Webdata 中新建虚拟磁盘 Vdisk1,存储数据布局方式为 simple,类型为精简类型,指定虚拟磁盘大小为 20GB,并且分配驱动器号为"E:",并将虚拟磁盘格式化为 NTFS。

(3)解决方案。详细解决方案请扫描二维码查看。

3. 存储空间实例 2:安装与配置 RAID-10

(1)实例要求。
- 在 MS2 上添加 4 块 20GB 磁盘。
- 配置系统软 RAID-10,镜像卷的大小分别为 10GB,最终带区卷的大小为 20GB。
- E 盘开启 BitLocker;加密整个数据盘,密码为 long60。

（2）解题思路如下。

一是生成 RAID-10。

① 使用 2 个 10GB 磁盘建立存储池 Pool1，然后建立虚拟磁盘 Vhdisk1，布局选择 Mirror(RAID-1)，设置类型为"精简"，指定大小为 10GB。

② 使用 2 个 10GB 磁盘建立存储池 Pool2，然后建立虚拟磁盘 Vhdisk2，布局选择 mirror。

③ 使用磁盘管理器将 Vhdisk1 和 Vhdisk2 生成带区卷(RAID-0)，驱动器号为 G。

二是加密整个数据盘。

① 添加"BitLocker 功能"。

② 在组策略中打开 U 盘支持功能，方法为：在"开始"菜单打开的"运行"对话框中执行 gpedit.msc 命令，打开"本地策略编辑器"窗口，依次选择"计算机管理"→"管理模板"→"Windows 组件"→"BitLocker 驱动器加密"→"操作系统驱动器"→"启动时需要附加身份验证"选项，在"启动时需要附加身份验证"对话框中选择"已启用"选项后，单击"应用"→"确定"按钮。

（3）解决方案。详细解决方案请扫描二维码查看。

4.4 习　　题

一、填空题

1. 磁盘内有一个被称为_____的区域，用来存储磁盘分区的相关数据，如每一个磁盘分区的_____、_____、_____等信息。

2. 磁盘按分区表的格式可以分为_____、_____两种磁盘格式。其中 MBR 磁盘所支持的硬盘最大容量为_____TB。

3. GPT 磁盘是一种新的磁盘分区表格式，其磁盘分区表存储在_____内，位于磁盘的前端，而且它分为_____、_____，可提供容错功能。使用新式 UEFI BIOS 的计算机，其 BIOS 会先读取_____，并将控制权交给_____，然后由此程序代码来继续后续的启动工作。

4. MBR 磁盘使用的是旧的传统磁盘分区表格式，其磁盘分区表存储在_____内。为了兼容起见，GPT 磁盘内提供了_____，让仅支持 MBR 的程序仍然可以正常运行。

5. 一个 MBR 磁盘内最多可建立_____个主磁盘分区，或最多_____个主磁盘分区加上 1 个扩展磁盘分区。

6. Windows 操作系统的一个 GPT 磁盘内最多可以建立_____个主磁盘分区，因此 GPT 磁盘不需要_____分区。

7. Windows 操作系统又将磁盘区分为_____与_____两种。

8. 使用 UEFI BIOS 的计算机可以选择 UEFI 模式或_____来启动 Windows Server 2019。若是 UEFI 模式，则启动磁盘需为_____磁盘，且此磁盘最少需要 3 个 GPT 磁盘分区，即_____、_____、_____。

9. UEFI 模式的系统虽然也可以使用 MBR 磁盘,但 MBR 磁盘只能够当作_____磁盘,无法作为_____磁盘。

10. 从 Windows 2000 操作系统开始,Windows 操作系统将磁盘分为_____和_____。

11. 一个基本磁盘最多可分为_____个区,即_____个主磁盘分区或_____个主磁盘分区和一个扩展磁盘分区。

12. 动态卷类型包括_____、_____、_____、_____、_____。

13. 要将 E 盘转换为 NTFS 文件系统,可以运行命令:_____。

14. 带区卷又称为_____技术,RAID-1 又称为_____卷,RAID-5 又称为_____卷。

15. 镜像卷的磁盘空间利用率只有_____,所以镜像卷的花费相对较高。与镜像卷相比,RAID-5 卷的磁盘空间有效利用率为_____。

二、简答题

1. 简述基本磁盘与动态磁盘的区别。

2. 磁盘碎片整理的作用是什么?

3. Windows Server 2019 支持的动态卷类型有哪些?各有何特点?

4. 基本磁盘转换为动态磁盘应注意什么问题?如何转换?

5. 如何限制某个用户使用服务器上的磁盘空间?

4.5　项目实训　配置与管理基本磁盘和动态磁盘

一、实训目的

- 掌握磁盘阵列以及 RAID-0、RAID-1、RAID-5 的知识。
- 掌握做磁盘阵列的条件及方法。

二、项目环境

配置与管理基本
磁盘和动态磁盘

随着公司的发展壮大,已有的工作组模式的网络已经不能满足公司的业务需要。经过多方论证,确定了公司的服务器的拓扑结构,如图 4-10 所示。

三、项目要求

根据图 4-10 所示的公司磁盘管理示意图,完成管理磁盘的实训。具体要求如下。

(1) 公司的服务器 MS2 中新增了 2 块硬盘,请完成以下任务。

① 初始化磁盘。

② 在两个磁盘上新建分区,注意主磁盘分区和扩展磁盘分区的区别以及在一个磁盘

上能创建的主磁盘分区的数量等。

③ 格式化磁盘分区。

④ 标注磁盘分区为活动分区。

⑤ 向驱动器分配装入点文件夹路径。指派一个在 NTFS 文件系统下的空文件夹代表某磁盘分区，如 C:\data 文件夹。

⑥ 对磁盘进行碎片整理。

（2）公司的服务器 MS1 中新增了 5 块硬盘，每块硬盘大小为 4GB。请完成以下任务。

① 添加硬盘，初始化硬盘，并将磁盘转换成动态磁盘。

② 创建 RAID-1 的磁盘组，大小为 1GB。

③ 创建 RAID-5 的磁盘组，大小为 2GB。

④ 创建 RAID-0 的磁盘组，大小为 800MB×5＝4GB。

⑤ 对 D 盘进行扩容。

⑥ RAID-5 卷上数据的恢复实验。

四、做一做

读者独立完成项目实训，检查学习效果。

项目 5　配置与管理 DNS 服务器

某高校组建了学校的校园网,为了使校园网中的计算机简单快捷地访问本地网络及 Internet 上的资源,需要在校园网中架设 DNS 服务器,用来提供域名转换成 IP 地址的功能。

在完成该项目之前,首先应当确定网络中 DNS 服务器的部署环境,明确 DNS 服务器的各种角色及其作用。

 本项目学习要点

- 了解 DNS 服务器的作用及其在网络中的重要性。
- 理解 DNS 的域名空间结构及其工作过程。
- 理解并掌握主 DNS 服务器的部署方法。
- 理解并掌握辅助 DNS 服务器的部署方法。
- 理解并掌握 DNS 客户机的部署方法。
- 掌握 DNS 服务的测试以及动态更新。

5.1　项目基础知识

在 TCP/IP 网络上,每个设备必须分配一个唯一的地址。计算机在网络上通信时只能识别如 202.97.135.160 之类的数字地址,而人们在使用网络资源的时候,为了便于记忆和理解,更倾向于使用有代表意义的名称,如域名 www.ryjiaoyu.com(人邮教育社区网站)。

DNS 基础知识

DNS 服务器就承担了将域名转换成 IP 地址的功能。这就是在浏览器地址栏中输入如 www.ryjiaoyu.com 的域名后,就能看到相应的页面的原因。输入域名后,有一台称为 DNS 服务器的计算机自动把域名"翻译"成相应的 IP 地址。

DNS 实际上是域名系统的缩写,它的目的是为客户机对域名的查询(如 www. ryjiaoyu.com)提供该域名的 IP 地址,以便用户用易记的名字搜索和访问必须通过 IP 地址才能定位的本地网络或 Internet 上的资源。

DNS 服务使得网络服务的访问更加简单,对于一个网站的推广发布起到极其重要的作用。而且许多重要网络服务(如 E-mail 服务、Web 服务)的实现,也需要借助于 DNS 服务。因此,DNS 服务可视为网络服务的基础。另外,在稍具规模的局域网中,DNS 服务也被大量采用,因为 DNS 服务不仅可以使网络服务的访问更加简单,而且可以完美地实现网络服务与 Internet 的融合。

5.1.1　域名空间结构

域名系统 DNS 的核心思想是分级,是一种分布式的、分层次型的、客户机/服务器模式的数据库管理系统,它主要用于将主机名或电子邮件地址映射成 IP 地址。一般来说,每个组织都有自己的 DNS 服务器,并维护域名称映射数据库记录或资源记录。每个登记的域都将自己的数据库列表提供给整个网络复制。

目前负责管理全世界的 IP 地址的组织是国际互联网络信息中心(Internet network information center,InterNIC),在 InterNIC 之下的 DNS 结构共分为若干个域(domain)。图 5-1 所示的阶层式树状结构称为域名空间(domain name space)结构。

图 5-1　域名空间结构

注意:域名和主机名只能用字母 a~z(在 Windows 网络操作系统的服务器中大小写等效,而在 UNIX 网络操作系统中则不同)、数字 0~9 和连线"-"组成。其他公共字符,如连接符"&"、斜杠"/"、句点和下划线"_"都不能用于表示域名和主机名。

1. 根域

图 5-1 中,位于层次结构最高端的是域名树的根,提供根域名服务,用"."表示。在 Internet 中,根域是默认的,一般都不需要表示出来。全世界共有 13 台根域服务器,它们分布于世界各大洲,并由 InterNIC 管理。根域名服务器中并没有保存任何网址,只具有初始指针指向第一层域,也就是顶级域,如 com、edu、net 等。

2. 顶级域

顶级域位于根域之下,数目有限,且不能轻易变动。顶级域也是由 InterNIC 统一管理的。在 Internet 中,顶级域大致分为两类:各种组织的顶级域(机构域)和各个国家或地区的顶级域(地理域)。顶级域所包含的部分域名称如表 5-1 所示。

表 5-1　顶级域所包含的部分域名称

域 名 称	说　明
com	商业机构
edu	教育、学术研究单位
gov	官方政府单位
net	网络服务机构
org	财团法人等非营利机构
mil	军事部门
其他国家或地区代码	代表国家/地区的代码,如 cn 表示中国,jp 为日本

3. 子域

在 DNS 域名空间中,除了根域和顶级域之外,其他域都称为子域。子域是有上级域的域,一个域可以有许多个子域。子域是相对而言的,如 www.tsinghua.edu.cn 中,tsinghua.edu 是 cn 的子域,tsinghua 是 edu.cn 的子域。表 5-2 中给出了域名层次结构中的若干层。

表 5-2　域名层次结构中的若干层

域　名	域名层次结构中的位置
.	根是唯一没有名称的域
.cn	顶级域名称,中国子域
.edu.cn	二级域名称,中国的教育部门
.tsinghua.edu.cn	子域名称,教育网中的清华大学

和根域相比,顶级域实际是处于第二层的域,但它们还是被称为顶级域。根域从技术的含义上是一个域,但常常不被当作一个域。根域只有很少几个根级成员,它们的存在只是为了支持域名树的存在。

第二层域(顶级域)是属于单位团体或地区的,用域名的最后一部分即域后缀来分类。例如,域名 edu.cn 代表中国的教育系统。多数域后缀可以反映使用这个域名所代表的组织的性质,但并不总是很容易通过域后缀来确定所代表的组织、单位的性质。

4. 主机

在域名层次结构中,主机可以存在于根以下的各层上。由于域名树是层次型的而不是平面型的,因此只要求主机名在每一连续的域名空间中是唯一的,而在相同层中可以有相同的名字。如 www.ryjiaoyu.com、www.tsinghua.edu.cn 都是有效的主机名。也就是说,即使这些主机有相同的名字 www,但都可以被正确地解析到唯一的主机。即只要主机是在不同的子域的,就可以重名。

5.1.2　DNS 名称的解析方法

DNS 名称的解析方法主要有两种：一种是通过 hosts 文件进行解析；另一种是通过 DNS 服务器进行解析。

1. hosts 文件

hosts 文件解析只是 Internet 中最初使用的一种查询方式。采用 hosts 文件进行解析时，必须由人工输入、删除、修改所有 DNS 名称与 IP 地址的对应数据，即把全世界所有的 DNS 名称写在一个文件中，并将该文件存储到解析服务器上。客户端如果需要解析名称，就到解析服务器上查询 hosts 文件。全世界所有的解析服务器上的 hosts 文件都需保持一致。当网络规模较小时，hosts 文件解析还是可以采用的。然而，当网络规模越来越大时，为保持网络里所有服务器中的 hosts 文件的一致性，就需要进行大量的管理和维护工作。在大型网络中，这将是一项沉重的负担，此种方法显然是不适用的。

在 Windows Server 2019 中，hosts 文件位于 ％systemroot％\system32\drivers\etc 目录中，本例为 C:\windows\system32\drivers\etc。该文件是一个纯文本文件，如图 5-2 所示。

图 5-2　Windows Server 2019 中的 hosts 文件

2. DNS 服务器

DNS 服务器是目前 Internet 上最常用也是最便捷的名称解析方法。全世界有众多 DNS 服务器各司其职，互相呼应，协同工作，构成了一个分布式的 DNS 名称解析网络。例如，163.com 的 DNS 服务器只负责本域内数据的更新，而其他 DNS 服务器并不知道也无须知道 163.com 域中有哪些主机，但它们知道 163.com 的 DNS 服务器的位置；当需要解析 www.163.com 时，它们就会向 163.com 的 DNS 服务器请求帮助。采用这种分布式解析结构时，一台 DNS 服务器出现问题并不会影响整个体系，而数据的更新操作也只在其中的一台或几台 DNS 服务器上进行，使整体的解析效率大大提高。

提示：DNS 服务器用于实现 DNS 名称和 IP 地址的双向解析。在网络中，主要有 4 种类型的 DNS 服务器，即主 DNS 服务器、辅助 DNS 服务器、转发 DNS 服务器和唯缓存 DNS 服务器。

5.1.3　DNS 名称解析的查询模式

当 DNS 客户端向 DNS 服务器发送解析请求或 DNS 服务器向其他 DNS 服务器转发解析请求时,均需要使用查询模式请求其所需的解析结果。目前,使用的查询模式主要有递归查询和转寄查询两种。

1. 递归查询

递归查询是最常见的查询方式,域名服务器将代替提出请求的客户机(下级 DNS 服务器)进行域名查询。若域名服务器不能直接回答,则域名服务器会在域名树中的各分支的上下进行递归查询,最终将查询结果返回给客户机。在域名服务器查询期间,客户机完全处于等待状态。

2. 转寄查询

当服务器收到 DNS 工作站的查询请求后,如果在 DNS 服务器中没有查到所需数据,该 DNS 服务器便会告诉 DNS 工作站另外一台 DNS 服务器的 IP 地址,然后由 DNS 工作站自行向此 DNS 服务器查询,以此类推,直到查到所需数据为止。如果到最后一台 DNS 服务器都没有查到所需数据,则通知 DNS 工作站查询失败。"转寄"的意思就是若在某地查不到,该地就会告诉用户其他地方的地址,让用户转到其他地方去查。一般地,在 DNS 服务器之间的查询请求属于转寄查询(DNS 服务器也可以充当 DNS 工作站的角色),在 DNS 客户端与本地 DNS 服务器之间的查询属于递归查询。

下面以查询 www.ryjiaoyu.com 为例介绍转寄查询的过程,如图 5-3 所示。

图 5-3　转寄查询

(1) 客户端向本地 DNS 服务器直接查询 www.ryjiaoyu.com 的域名。

(2) 本地 DNS 无法解析此域名,先向根域服务器发出请求,查询.com 的 DNS 地址。

说明：① 正确安装完 DNS 服务器后，在 DNS 属性中的"根目录提示"选项卡中，系统显示了包含在解析名称中为要使用和参考的服务器所建议的根服务器的根提示列表，默认共有 13 个。

② 目前全球共有 13 个域名根服务器。1 个为主根服务器，放置在美国；其余 12 个均为辅助根服务器，其中美国 9 个、欧洲两个（英国和瑞典）、亚洲 1 个（日本）。所有的根服务器均由互联网名称与数字地址分配机构（The Internet Corporation for Assigned Names and Numbers，ICANN）统一管理。

（3）根域 DNS 管理着.com、.net、.org 等顶级域名的地址解析。它收到请求后，把解析结果（管理.com 域的服务器地址）返回给本地的 DNS 服务器。

（4）本地 DNS 服务器得到查询结果后，接着向管理.com 域的 DNS 服务器发出进一步的查询请求，要求得到 ryjiaoyu.com 的 DNS 地址。

（5）.com 域把解析结果（管理 ryjiaoyu.com 域的服务器地址）返回给本地 DNS 服务器。

（6）本地 DNS 服务器得到查询结果后，接着向管理 ryjiaoyu.com 域的 DNS 服务器发出查询具体的主机 IP 地址的请求（www），要求得到满足要求的主机 IP 地址。

（7）ryjiaoyu.com 把解析结果返回给本地 DNS 服务器。

（8）本地 DNS 服务器得到了最终的查询结果。它把这个结果返回给客户端，从而使客户端能够和远程主机通信。

5.1.4 DNS 区域

为了便于根据实际情况来分散 DNS 名称管理工作的负荷，将 DNS 名称空间划分为区域（zone）来进行管理。区域是 DNS 服务器的管辖范围，是由 DNS 名称空间中的单个域或由具有上下隶属关系的紧密相邻的多个子域组成的一个管理单位。因此，DNS 服务器是通过区域来管理名称空间的，而并非以域为单位来管理名称空间，但区域的名称与其管理的 DNS 名称空间的域的名称是一一对应的。

一台 DNS 服务器可以管理一个或多个区域，而一个区域也可以由多台 DNS 服务器来管理（例如，由一个主 DNS 服务器和多个辅助 DNS 服务器来管理）。在 DNS 服务器中必须先建立区域，然后根据需要在区域中建立子域以及在区域或子域中添加资源记录，才能完成其解析工作。

1. 正向解析和反向解析

将 DNS 名称解析成 IP 地址的过程称为正向解析，递归查询和转寄查询两种查询模式都是正向解析。将 IP 地址解析成 DNS 名称的过程称为反向解析，它依据 DNS 客户端提供的 IP 地址，来查询它的主机名。由于 DNS 名字空间中域名与 IP 地址之间无法建立直接对应关系，所以必须在 DNS 服务器内创建一个反向查询的区域，该区域名称的最后部分为 in-addr.arpa。

DNS 服务器分别通过正向查找区域和反向查找区域来管理正向解析和反向解析。

在 Internet 中,正向解析的应用非常普遍。而由于反向解析会占用大量的系统资源,则会给网络带来不安全的风险,所以通常不提供反向解析。

2. 主要区域、辅助区域和存根区域

不论是正向解析还是反向解析,均可以针对一个区域建立 3 种类型的区域,即主要区域、辅助区域和存根区域。

(1) 主要区域。一个区域的主要区域建立在该区域的主 DNS 服务器上。主要区域的数据库文件是可读可写的,所有针对该区域的添加、修改和删除等写入操作都必须在主要区域中进行。

(2) 辅助区域。一个区域的辅助区域建立在该区域的辅助 DNS 服务器上。辅助区域的数据库文件是主要区域数据库文件的副本,需要定期地通过区域传输从主要区域中复制以获得更新。辅助区域的主要作用是均衡 DNS 解析的负载以提高解析效率,同时提供容错能力。必要时,可以将辅助区域转换为主要区域。辅助区域内的记录是只读的,不可以修改。例如,图 5-4 中 DNS 服务器 B 与 DNS 服务器 C 内都各有一个辅助区域,其中的记录是从 DNS 服务器 A 复制过来的,换句话说,DNS 服务器 A 是它们的主机服务器。

图 5-4　辅助区域

(3) 存根区域。一个区域的存根区域类似于辅助区域,也是主要区域的只读副本,但存根区域只从主要区域中复制 SOA 记录、NS 记录以及黏附 A 记录(即解析 NS 记录所需的 A 记录),而不是所有的区域数据库信息。存根区域所属的主要区域通常是一个受委派区域,如果该受委派区域部署了辅助 DNS 服务器,则通过存根区域可以让委派服务器获得该受委派区域的权威 DNS 服务器列表(包括主 DNS 服务器和所有辅助 DNS 服务器)。

说明:在 Windows Server 2019 服务器中,DNS 服务支持增量区域传输(incremental zone transfer),也就是在更新区域中的记录时,DNS 服务器之间只传输发生改变的记录,因此提高了传输的效率。

在以下情况可以启动区域传输:管理区域的辅助 DNS 服务器启动、区域的刷新时间间隔过期、主 DNS 服务器中的记录发生改变并设置了 DNS 通告列表。在这里,所谓

DNS 通告是利用"推"的机制,当 DNS 服务器中的区域记录发生改变时,它将通知选定的 DNS 服务器进行更新,被通知的服务器启动区域复制操作。

3. 资源记录

DNS 数据库文件由区域文件、缓存文件和反向搜索文件等组成,其中区域文件是最主要的,它保存着 DNS 服务器所管辖区域的主机的域名记录。区域文件默认的文件名是"区域名.dns",在 Windows Server 2019 系统中,置于％systemroot％\system32\dns 目录中。而缓存文件用于保存根域中的 DNS 服务器名称与 IP 地址的对应表,文件名为 Cache.dns。DNS 服务就是依赖于 DNS 数据库文件来实现的。

每个区域文件都是由资源记录构成的。资源记录是 DNS 服务器提供名称解析的依据,当收到解析请求后,DNS 服务器会查找资源记录并予以响应。常见的资源记录主要包括 SOA 记录、NS 记录、A 记录、CNAME 记录、MX 记录及 PTR 记录等类型(详细说明参见表 5-3)。

标准的资源记录具有其基本格式:

```
[name] [ttl] IN type rdata
```

name：此字段是名称字段名,也是资源记录引用的域对象名,可以是一台单独的主机,也可以是整个域。name 字段可以有以下 4 种取值,其中,"·"表示根域;"@"表示默认域,即当前域;"标准域名"或是以"."结束的域名,或是一个相对域名;"空(空值)"记录适用于最后一个带有名字的域对象。

ttl(time to live)：此字段是生存时间字段,它以秒为单位定义该资源记录中的信息存放在 DNS 缓存中的时间长度。通常此字段值为空,表示采用 SOA 记录中的最小 ttl 值。

IN：此字段用于将当前资源记录标识为一个 Internet 的 DNS 资源记录。

type：此字段是类型字段,用于标识当前资源记录的类型。常用的资源记录的类型如表 5-3 所示。

rdata：此字段是数据字段,用于指定与当前资源记录有关的数据。数据字段的内容取决于类型字段。

表 5-3　常用资源记录类型及说明

资源记录类型	类型字段说明
SOA（start of authority）	初始授权记录,用于表示一个区域的开始。SOA 记录后的所有信息均是用于控制这个区域的。每个区域数据库文件都必须包含一个 SOA 记录,并且必须是其中的第一个资源记录,用于标识 DNS 服务器所管理的起始位置
NS（name server）	名称服务器记录,用于标识一个区域的 DNS 服务器
A（address）	主机记录,也称为 host 记录,实现正向解析,建立 DNS 名称到 IP 地址的映射,用于正向解析

续表

资源记录类型	类型字段说明
CNAME(canonical name)	CNAME(规范名称)记录,也称为别名(alias)记录,定义 A 记录的别名,用于将 DNS 域名映射到另一个主要的或规范的名称,该名字可能为 Internet 中规范的名称,如 www
PTR (domain name pointer)	指针记录,实现反向解析,建立 IP 地址到 DNS 名称的映射
MX(mail exchanger)	MX(邮件交换器)记录,用于指定交换或者转发邮件信息的服务器(该服务器知道如何将邮件传送到最终目的地)

5.2 项目设计与准备

1. 部署需求

在部署 DNS 服务器之前需满足以下要求。

- 设置 DNS 服务器的 TCP/IP 属性,手动指定 IP 地址、子网掩码、默认网关和 DNS 服务器地址等。
- 部署域环境,域名为 long60.cn。

2. 部署环境

任务 5-1～任务 5-3 的所有实例部署在同一个网络环境下,DNS1～DNS4 是 4 台不同角色的 DNS 服务器(可将前面的 4 台域控制器使用快照功能恢复初始安装,再修改计算机名称),网络操作系统是 Windows Server 2019。Client1 是 DNS 客户端,安装 Windows Server 2019 或 Windows 10 操作系统。5 台计算机的详细信息如图 5-5 所示。

图 5-5 架设 DNS 服务器网络拓扑图

在实训中需要说明以下 3 点。

（1）这是全部 DNS 实训的拓扑图，在单个实训中，如果有些计算机不需要，可以挂起或关闭，以免影响实训响应效率，请读者灵活处理。

（2）唯缓存 DNS 服务器和辅助 DNS 服务器通常没法同时承担任务。本实例仅是为了提高实训效率，才做这样安排的。

（3）所有虚拟机的网络连接模式都设置为"仅主机模式"。

提示：DNS1～DNS4 由 Server1～Server4 的初始安装快照恢复而来，但要记得修改计算机、TCP/IP 参数。MS1 改名为 Client1。

5.3 项 目 实 施

任务 5-1 添加 DNS 服务器

设置 DNS 服务器的首要任务就是建立 DNS 区域和域的树状结构。DNS 服务器以区域为单位来管理服务。区域是一个数据库，用来链接 DNS 名称和相关数据，如 IP 地址和网络服务，在 Internet 环境中一般用二级域名来命名，如 long60.cn。而 DNS 区域分为两类：一类是正向搜索区域，即域名到 IP 地址的数据库，用于提供将域名转换为 IP 地址的服务；另一类是反向搜索区域，即 IP 地址到域名的数据库，用于提供将 IP 地址转换为域名的服务。

1. 安装 DNS 服务器角色

在计算机 DNS1 上通过"服务器管理器"安装 DNS 服务器角色。具体步骤如下。

STEP 1 选择"服务器管理器"→"仪表板"→"添加角色和功能"命令，持续单击"下一步"按钮，直到出现图 5-6 所示的"选择服务器角色"对话框时勾选"DNS 服务器"复选框，再在"添加角色和功能向导"对话框中单击"添加功能"按钮。

STEP 2 持续单击"下一步"按钮，最后单击"安装"按钮，开始安装 DNS 服务器。安装完毕，单击"关闭"按钮，完成 DNS 服务器角色的安装。

2. DNS 服务的停止和启动

启动或停止 DNS 服务可使用 net 命令、"DNS 管理器"控制台或"服务"控制台，步骤如下。

（1）使用 net 命令。以域管理员账户登录 DNS1，在命令提示符下输入命令 net stop dns 停止 DNS 服务，输入命令 net start dns 启动 DNS 服务。

（2）使用"DNS 管理器"控制台。选择"服务器管理器"→"工具"→"DNS"命令，打开"DNS 管理器"控制台，在左侧控制台树中右击"服务器 DNS1"选项，在弹出的快捷菜单中选择"所有任务"→"停止""启动"或"重新启动"命令，即可停止或启动 DNS 服务，如图 5-7 所示。

（3）使用"服务"控制台。选择"服务器管理器"→"工具"→"服务"命令，打开"服务"控制台，找到 DNS Server 服务，选择"启动"或"停止"命令，即可启动或停止 DNS 服务。

图 5-6 "选择服务器角色"对话框

图 5-7 "DNS 管理器"窗口

任务 5-2　部署主 DNS 服务器的 DNS 区域

因为在实际应用中，DNS 服务器一般会与活动目录区域集成，所以当完成 DNS 服务器的安装，新建区域后，直接提升该服务器为域控制器，将新建区域更新为活动目录集成区域。

1. 创建正向主要区域

在 DNS 服务器上创建正向主要区域 long60.cn，具体步骤如下。

STEP 1 在 DNS1 上，选择"服务器管理器"→"工具"→DNS 命令，打开"DNS 管理器"控制台，展开 DNS 服务器目录树，如图 5-8 所示，右击"正向查找区域"选项，在弹出的快捷菜单中选择"新建区域"命令，弹出"新建区域向导"对话框。

STEP 2 单击"下一步"按钮，出现图 5-9 所示的"区域类型"窗口，用来选择要创建的区域的类型，有"主要区域""辅助区域"和"存根区域"3 种。若要创建新的区域，应当选中"主要区域"单选按钮。

图 5-8　DNS 管理器

注意：如果当前 DNS 服务器上安装了 Active Directory 服务，则"在 Active Directory 中存储区域"复选框将自动选中。

图 5-9　设置区域类型

STEP 3　单击"下一步"按钮,在"区域名称"文本框中设置要创建的区域名称,如 long60.cn,如图 5-10 所示。区域名称用于指定 DNS 名称空间的部分,由此实现 DNS 服务器管理。

图 5-10　区域名称

STEP 4　单击"下一步"按钮,创建区域文件 long60.cn.dns,如图 5-11 所示。

图 5-11　区域文件

STEP 5　单击"下一步"按钮,选中"允许非安全和安全动态更新"单选按钮,如图 5-12 所示。

147

图 5-12　动态更新

注意：由于会将 long60.cn 区域更新为活动目录集成区域，所以这里一定不能选择"不允许动态更新"，否则无法更新为活动目录集成区域。

STEP 6　单击"下一步"按钮，显示新建区域摘要。单击"完成"按钮，完成区域的创建。

注意：如果是活动目录集成的区域，则不指定区域文件，否则指定区域文件 long60.cn.dns。

2. 创建反向主要区域

反向查找区域用于通过 IP 地址来查询 DNS 名称。创建的具体过程如下。

STEP 1　在"DNS 管理器"控制台中，右击"反向查找区域"选项，在弹出的快捷菜单中选择"新建区域"命令，并在区域类型中选中"主要区域"单选按钮（见图 5-13）。

图 5-13　区域类型

STEP 2 在"反向查找区域名称"窗口中,选中"IPv4 反向查找区域"单选按钮,如图 5-14 所示。

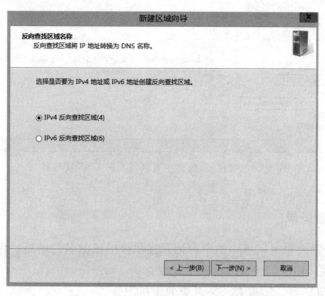

图 5-14 设置 IPv4 反向查找区域

STEP 3 在图 5-15 所示的对话框中输入网络 ID 或者反向查找区域名称,本例中输入的是网络 ID,区域名称根据网络 ID 自动生成。例如,当输入网络 ID 为 192.168.10 时,反向查找区域的名称自动为 10.168.192.in-addr.arpa。

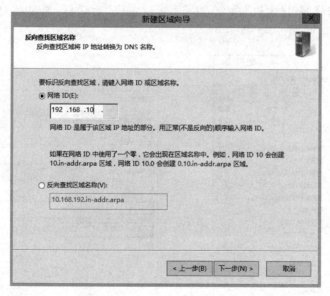

图 5-15 设置网络 ID

STEP 4 单击"下一步"按钮,选中"允许非安全和安全动态更新"单选按钮。

STEP 5 单击"下一步"按钮,显示新建区域摘要。单击"完成"按钮,完成区域的创建。图 5-16 所示为创建后的效果。

图 5-16 创建正、反向主要区域后的 DNS 管理器

3. 创建资源记录

DNS 服务器需要根据区域中的资源记录提供该区域的名称解析。因此，在区域创建完成之后，需要在区域中创建所需的资源记录。

（1）创建主机记录。创建 DNS2 对应的主机记录。

STEP 1 以域管理员账户登录 DNS1，打开"DNS 管理器"控制台，在左侧控制台树中选择要创建资源记录的正向主要区域 long60.cn，然后在右侧控制台窗口空白处右击，或右击要创建资源记录的正向主要区域，并在弹出的快捷菜单中选择相应命令即可创建资源记录，如图 5-17 所示。

STEP 2 选择"新建主机"命令，打开"新建主机"对话框，通过此对话框可以创建 A 记录，如图 5-18 所示。

图 5-17 创建资源记录

图 5-18 创建 A 记录

- 在"名称"文本框中输入 A 记录的名称,该名称即为主机名,本例为 DNS2。
- 在"IP 地址"文本框中输入该主机的 IP 地址,本例为 192.168.10.2。
- 若选中"创建相关的指针记录"复选框,则在创建 A 记录的同时,可在已经存在的相对应的反向主要区域中创建 PTR 记录。若之前没有创建对应的反向主要区域,则不能成功创建 PTR 记录。本例不选中,后面单独建立 PTR 记录。

STEP 3   用同样的方法新建 DNS1 主机记录,IP 地址是 192.168.10.1。

(2)创建别名记录。DNS1 同时还是 Web 服务器,为其设置别名 www。步骤如下。

STEP 1   在图 5-17 所示的窗口中,选择"新建别名(CNAME)"命令,打开"新建资源记录"对话框的"别名(CNAME)"选项卡,通过此选项卡可以创建 CNAME 记录,如图 5-19 所示。

图 5-19   创建 CNAME 记录

STEP 2   在"别名"文本框中输入一个规范的名称(本例为 www),单击"浏览"按钮,选中需要定义别名的目的服务器的域名(本例为 DNS1.long60.cn)。或者直接输入目的服务器的名字。在"目标主机的完全合格的域名"文本框中,输入需要定义别名的完整 DNS 域名。

(3)创建邮件交换器记录。当将邮件发送到邮件服务器(SMTP 服务器)后,此邮件服务器必须将邮件转发到目的地的邮件服务器,但是邮件服务器如何得知目的地的邮件服务器的 IP 地址呢? 答案是向 DNS 服务器查询 MX 这条资源记录,因为 MX 记录着负责某个域邮件接收的邮件服务器。

DNS2 同时还是邮件服务器。在图 5-17 中,选择"新建邮件交换器"命令,打开"新建资源记录"对话框的"邮件交换器"选项卡，通过此选项卡可以创建 MX 记录，如图 5-20 所示。

图 5-20　创建 MX 记录

STEP 1　在"主机或子域"文本框中输入 MX 记录的名称，该名称将与所在区域的名称一起构成邮件地址中"@"后面的后缀。例如，邮件地址为 yy@long60.cn，则应将 MX 记录的名称设置为空（使用其中所属域的名称 long60.cn）；如果邮件地址为 yy@mail.long60.cn，则应将输入 mail 为 MX 记录的名称记录。本例输入 mail。

STEP 2　在"邮件服务器的完全限定的域名"文本框中输入该邮件服务器的名称（此名称必须是已经创建的对应于邮件服务器的 A 记录）。本例为 DNS2.long60.cn。

STEP 3　在"邮件服务器优先级"文本框中设置当前 MX 记录的优先级；如果存在两个或更多的 MX 记录，则在解析时将首选优先级高的 MX 记录。

（4）创建指针记录。

STEP 1　以域管理员账户登录 DNS1，打开"DNS 管理器"控制台。

STEP 2　在左侧控制台树中选择要创建资源记录的反向主要区域 10.168.192. in-addr.arpa，然后在右侧控制台窗口空白处右击，或右击要创建资源记录的反向主要区域，并在弹出的快捷菜单中选择"新建指针（PTR）"命令（见图 5-21），在打开的"新建资源记录"对话框的"指针（PTR）"选项卡中即可创建 PTR 记录（见图 5-22）。同理创建 192.168.10.1 的指针记录。

STEP 3　资源记录创建完成之后，在"DNS 管理器"控制台和区域数据库文件中都可以看到这些资源记录，如图 5-23 所示。

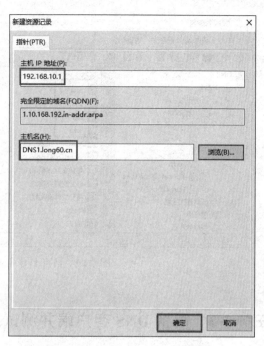

图 5-21　创建 PTR 记录(1)　　　　　　　图 5-22　创建 PTR 记录(2)

图 5-23　通过"DNS 管理器"控制台查看反向主要区域中的资源记录

注意: 如果 DNS 区域是和 Active Directory 域服务集成, 那么资源记录将保存到活动目录中; 如果不是和 Active Directory 域服务集成, 那么资源记录将保存到区域文件中。默认 DNS 服务器的区域文件存储在 "C:\windows\system32\dns" 下。若不集成活动目录, 则本例正向区域文件为 long60.cn.dns, 反向区域文件为 10.168.192.in-addr.arpa.dns。这两个文件可以用记事本打开。

4. 将 long60.cn 区域更新为活动目录集成区域

将该服务器升级为域控制器, 升级过程可参考前面项目 3 的相关内容。全部安装完成的 DNS 服务器如图 5-24 所示。

图 5-24　活动目录集成区域 long60.cn

任务 5-3　配置 DNS 客户端并测试主 DNS 服务器

可以通过手动方式配置 DNS 客户端，也可以通过 DHCP 自动配置 DNS 客户端（要求 DNS 客户端是 DHCP 客户端）。

1. 配置 DNS 客户端

STEP 1 以管理员账户登录 DNS 客户端计算机 Client1，打开"Internet 协议版本 4（TCP/ IPv4）属性"对话框，在"首选 DNS 服务器"文本框中设置所部署的主 DNS 服务器 DNS1 的 IP 地址为 192.168.10.1，单击"确定"按钮。

STEP 2 通过 DHCP 自动配置 DNS 客户端。

2. 测试 DNS 服务器

部署完主 DNS 服务器并启动 DNS 服务后，应该对 DNS 服务器进行测试，最常用的测试工具是 nslookup 和 ping 命令。

nslookup 是用来进行手动 DNS 查询的最常用的工具，可以判断 DNS 服务器是否工作正常。如果有故障，可以判断可能的故障原因。它的一般命令用法如下：

```
nslookup  [-option...]  [host to find]  [sever]
```

这个工具可以用于非交互和交互两种模式。

（1）非交互模式。非交互模式要在命令行中输入完整的命令：nslookup www. long60.cn，如图 5-25 所示。

（2）交互模式。输入 nslookup 并按 Enter 键，不需要参数，就可以进入交互模式。在交互模式下，直接输入 FQDN 进行查询。

图 5-25　非交互模式测试 DNS 服务器配置

任何一种模式都可以将参数传递给 nslookup,但在域名服务器出现故障时更多地使用交互模式。在交互模式下,可以在提示符">"下输入 help 或"?"来获得帮助信息。

下面在客户端 Client1 的交互模式下测试上面部署的 DNS 服务器。

STEP 1　进入 PowerShell 或者在"运行"对话框中输入 CMD,在命令提示符下输入nslookup,如图 5-26 所示。

STEP 2　测试主机记录,如图 5-27 所示。

图 5-26　进入 nslookup 交互模式
　　　　测试 DNS 服务器配置

图 5-27　测试主机记录

STEP 3　测试正向解析的邮件交换记录,如图 5-28 所示。

STEP 4　测试邮件服务器记录,如图 5-29 所示。

图 5-28　测试正向解析的邮件交换记录

图 5-29　测试 MX 记录

说明:set type 表示设置查找的类型。set type=MX 表示查找邮件服务器记录;set type=cname 表示查找别名记录;set type=A 表示查找主机记录;set type=PTR 表示查

155

找指针记录；set type＝NS 表示查找区域。

STEP 5　测试指针记录，如图 5-30 所示。

STEP 6　查找区域信息，结束退出 nslookup 环境，如图 5-31 所示。

图 5-30　测试指针记录　　　　　　图 5-31　查找区域信息

做一做：可以利用"ping 域名或 IP 地址"简单测试 DNS 服务器与客户端的配置，读者不妨试一试。

3. 管理 DNS 客户端缓存

（1）进入 PowerShell 或者在"运行"对话框中输入 CMD，进入命令提示符。

（2）输入以下命令，查看 DNS 客户端缓存：

```
C:\>ipconfig /displaydns
```

（3）输入以下命令，清空 DNS 客户端缓存：

```
C:\>ipconfig /flushdns
```

任务 5-4　部署唯缓存 DNS 服务器

尽管所有的 DNS 服务器都会缓存其已解析的结果，但唯缓存 DNS 服务器是仅执行查询、缓存解析结果的 DNS 服务器，不存储任何区域数据库。唯缓存 DNS 服务器对任何域来说都不是权威的，并且它所包含的信息限于解析查询时已缓存的内容。

当唯缓存 DNS 服务器初次启动时，并没有缓存任何信息，只有在响应客户端请求时才会缓存。如果 DNS 客户端位于远程网络，且该远程网络与主 DNS 服务器（或辅助 DNS 服务器）所在的网络通过慢速广域网链路进行通信，则在远程网络中部署唯缓存 DNS 服务器是一种合理的解决方案。因此，一旦唯缓存 DNS 服务器（或辅助 DNS 服务器）建立了缓存，其与主 DNS 服务器的通信量便会减少。此外，唯缓存 DNS 服务器不需要执行区域传输，因此不会出现因区域传输而导致网络通信量增大的情况。

156

1. 部署唯缓存 DNS 服务器的需求和环境

任务 5-5 的所有实例均按图 5-32 所示的信息部署网络环境。DNS2 为 DNS 转发器，仅安装 DNS 服务器角色和功能，不创建任何区域。DNS2 的 IP 地址为 192.168.10.2，首选 DNS 服务器的 IP 地址是 192.168.10.1，该计算机是 Windows Server 2019 的独立服务器。

角色：DNS服务器
主机名：DNS1
IP地址：192.168.10.1/24
DNS:192.168.10.1

角色：唯缓存DNS服务器
主机名：DNS2
IP地址：192.168.10.2/24
首选DNS:192.168.10.2
备用DNS:192.168.10.1

角色：DNS客户端
主机名：Client1
IP地址：192.168.10.100/24
DNS:192.168.10.2

图 5-32　配置 DNS 转发器网络拓扑图

2. 配置 DNS 转发器

（1）更改客户端 DNS 服务器 IP 地址指向。

STEP 1　登录 DNS 客户端计算机 Client1，将其首选 DNS 服务器指向 192.168.10.2，备用 DNS 服务器设置为空。

STEP 2　打开命令提示符，输入 ipconfig /flushdns 命令，清空客户端计算机 Client1 上的缓存。输入 ping www.long60.cn 命令，发现不能解析，因为该记录存在于服务器 DNS1 上，不存在于服务器 DNS2 上。

（2）在唯缓存 DNS 服务器上安装 DNS 服务并配置 DNS 转发器。

STEP 1　以具有管理员权限的用户账户登录将要部署唯缓存 DNS 服务器的计算机 DNS2。

STEP 2　安装 DNS 服务器角色和功能。

STEP 3　打开"DNS 管理器"控制台，在左侧的控制台树中右击"DNS 服务器 DNS2"选项，在弹出的快捷菜单中选择"属性"命令。

STEP 4　在打开的"DNS2 属性"对话框中单击"转发器"选项卡，如图 5-33 所示。

STEP 5　单击"编辑"按钮，打开"编辑转发器"对话框。在"转发服务器的 IP 地址"选项区域中添加需要转发到的 DNS 服务器的地址为 192.168.10.1，该计算机能解析到相应服务器的完全合格域名（FQDN），如图 5-34 所示。最后单击"确定"按钮即可。

STEP 6　采用同样的方法，根据需要配置其他区域的 DNS 转发器。

图 5-33　"转发器"选项卡

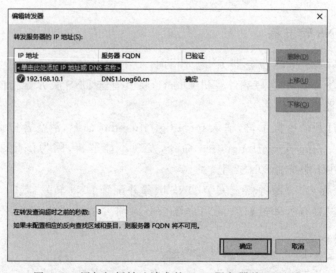

图 5-34　添加解析转达请求的 DNS 服务器的 IP 地址

3. "根提示"服务器

根提示内的 DNS 服务器就是根（root）内的 DNS 服务器，这些服务器的名称与 IP 地址等数据存储在％Systemroot％\System32\DNS\cache.dns 文件中，也可以在"DNS 管理器"控制台中右击服务器，在弹出的快捷菜单中选择"属性"命令，再在图 5-35 所示的对话框中单击"根提示"选项卡来查看这些信息。

可以在"根提示"选项卡下添加、编辑与删除 DNS 服务器，这些数据变化会被存储到

cache.dns 文件内,也可以单击图 5-35 中的"从服务器复制"按钮,从其他 DNS 服务器复制根提示。

图 5-35　根提示

当 DNS 服务器收到 DNS 客户端的查询请求后,如果要查询的记录不在其所管辖的区域内(或不在缓存区内),那么此 DNS 服务器默认会转向根提示内的 DNS 服务器查询。如果企业内部拥有多台 DNS 服务器,可能会出于安全考虑而只允许其中一台 DNS 服务器可以直接与外界 DNS 服务器通信,并让其他 DNS 服务器将查询请求委托给这一台 DNS 服务器来负责,也就是说这一台 DNS 服务器是其他 DNS 服务器的转发器。

4. 测试唯缓存 DNS 服务器

在 Client1 上打开命令提示符窗口,使用 nslookup 命令测试唯缓存 DNS 服务器,如图 5-36 所示。

图 5-36　在 Client1 上测试唯缓存 DNS 服务器

任务 5-5　部署辅助 DNS 服务器

辅助区域用来存储此区域内的副本记录，这些记录是只读的，不能修改。下面利用图 5-37所示的信息来建立辅助区域。

我们将在 DNS2 上建立一个辅助区域 long60.cn，此区域内的记录是从其主服务器DNS1 通过区域传送复制过来的。

- DNS1 仍沿用任务 5-4 的 DNS 服务器，确保已经建立了 A 资源记录（FQDN 为DNS2. long60.cn，IP 地址为 192.168.10.2）。首选 DNS 是本身，备用 DNS 的 IP地址是 192.168.10.2。
- DNS2 仍沿用任务 5-4 的 DNS 服务器，但是将转发器删除。首选 DNS 的 IP 地址是 192.168.10.2，备用 DNS 的 IP 地址是 192.168.10.1。

图 5-37　辅助 DNS 服务器配置

1. 新建辅助区域（DNS2）

我们将在 DNS2 上新建辅助区域，并设置让此区域从 DNS1 复制区域记录。

STEP 1　在 DNS2 上安装 DNS 服务器角色和功能。

STEP 2　在 DNS2 上选择"服务器管理器"→"工具"→DNS 命令，右击"正向查找区域"选项，在弹出的快捷菜单中选择"新建区域"命令，在弹出的对话框中单击"下一步"按钮。

STEP 3　在图 5-38 所示的对话框中选中"辅助区域"单选按钮，单击"下一步"按钮。

STEP 4　在图 5-39 所示的对话框中输入区域名称 long60.cn，单击"下一步"按钮。

STEP 5　在图 5-40 所示的对话框中输入主服务器（DNS1）的 IP 地址后按 Enter 键，单击"下一步"按钮，在弹出的对话框中单击"完成"按钮。

STEP 6　重复步骤 2～5，新建"反向查找区域"的辅助区域。类似操作，不再赘述。

2. 确认 DNS1 是否允许区域传送（DNS1）

如果 DNS1 不允许将区域记录传送给 DNS2，那么 DNS2 向 DNS1 提出区域传送请求时会被拒绝。下面先设置让 DNS1 允许区域传送给 DNS2。

STEP 1　在 DNS1 上单击"开始"菜单，依次选择"Windows 管理工具"→DNS 命令，

图 5-38　新建区域向导

图 5-39　设置区域名称

弹出"DNS 管理器"窗口,展开 DNS1→"正向查找区域"选项,右击 long60.cn 选项,选择
"属性"命令,如图 5-41 所示。

STEP 2　在"区域传送"选项卡下勾选"允许区域传送"复选框,单击"只允许到下列
服务器"单选按钮,单击"编辑"按钮以便选择 DNS2 的 IP 地址,如图 5-42 所示。

图 5-40　设置主 DNS 服务器

图 5-41　选中 long60.cn 属性

图 5-42　long60.cn 属性的"区域传送"

　　提示：也可以选中"到所有服务器"单选按钮,此时它将接受其他任何一台 DNS 服务器所提出的区域传送请求。建议不要选择此选项,否则此区域记录将被轻易地传送到其他外部 DNS 服务器。

　　STEP 3 输入 DNS2 的 IP 地址后,按 Enter 键,单击"确定"按钮,如图 5-43 所示。

图 5-43　允许区域传送

　　注意：DNS1 会通过反向查询来尝试解析拥有此 IP 地址的 DNS 主机名——完全限定域名。如果没有反向查找区域可供查询,则会显示无法解析的警告信息,此时可以不必理会此信息,它并不会影响到区域传送。本例中我们已事先建好了 PTR 指针。

　　STEP 4 单击"确定"按钮,完成区域传送设置。类似地,重复步骤 1~4,允许"反向查找区域"向 DNS2 进行区域传送。

3. 测试辅助 DNS 是否设置成功（DNS2）

　　回到 DNS2 服务器。

　　STEP 1 在 DNS2 上打开"DNS 管理器"控制台。界面中正向查找区域 long60.cn 和反向查找区域 10.168.192.in.addr.arpa 的记录是自动从其主服务器 DNS1 复制过来的,如图 5-44 和图 5-45 所示。（如果不能正常复制,可以重启 DNS2）

　　提示：如果设置都正确,但一直都看不到这些记录,请单击区域 long60.cn 后,再按 F5 键刷新。如果仍看不到,请将"DNS 管理器"控制台关闭再重新打开,或者重新启动 DNS2 计算机。

　　STEP 2 存储辅助区域的 DNS 服务器默认会每隔 15 分钟自动向主服务器请求执行区域传送的操作。也可以选中"辅助区域"并右击,在弹出的快捷菜单中选择"从主服务器传输"或"从主服务器传送区域的新副本"命令来手动要求执行区域传送的操作,如图 5-46 所示。

163

图 5-44　自动从主服务器 DNS1 复制正向查找区域数据

图 5-45　自动从主服务器 DNS1 复制反向查找区域数据

图 5-46　手动执行区域传送

- 从主服务器传输：它会执行常规的区域传送操作，也就是依据 SOA 记录内的序号判断在主服务器内有新版本记录，就会执行区域传送操作。
- 从主服务器传送区域的新副本：不理会 SOA 记录的序号，重新从主服务器复制完整的区域记录。

提示：如果发现界面上所显示的记录存在异常，可以尝试选中区域并右击，在弹出的快捷菜单中选择"重新加载"命令来从区域文件中重载记录。

做一做：请读者在 DNS1 上新建 DNS2 的 PTR 指针，同时设置允许反向区域传送给 DSN2。设置完成，检查 DNS2 服务器的反向区域是否复制成功。

任务 5-6　部署委派域

1. 部署子域和委派的需求和环境

本任务的所有实例都部署在图 5-47 所示的网络环境下。在原有网络环境下增加主机名为 DNS3 的委派 DNS 服务器，其 IP 地址为 192.168.10.3，首选 DNS 服务器的 IP 地址是 192.168.10.1，该计算机是子域控制器，同时也是 DNS 服务器。

图 5-47　配置 DNS 委派网络拓扑图

2. 区域委派

DNS 名称解析是通过分布式结构来管理和实现的，它允许将 DNS 名称空间根据层次结构分割成一个或多个区域，并将这些区域委派给不同的 DNS 服务器进行管理。例如，某区域的 DNS 服务器（以下称"委派服务器"）可以将其子域委派给另一台 DNS 服务器（以下称"受委派服务器"）全权管理，由受委派服务器维护该子域的数据库，并负责响应针对该子域的名称解析请求。而委派服务器则无须进行任何针对该子域的管理工作，也无须保存该子域的数据库，只需保留到达受委派服务器的指向，即当 DNS 客户端请求解析该子域的名称时，委派服务器将无法直接响应该请求，但其明确知道应由哪个 DNS 服务器（即受委派服务器）来响应该请求。

采用区域委派可有效地均衡负载。将子域的管理和解析任务分配到各个受委派服务器，可以大幅度降低父级或顶级域名服务器的负载，提高解析效率。同时，这种分布式结构使得真正提供解析的受委派服务器更接近于客户端，从而减少了带宽资源的浪费。

部署区域委派需要在委派服务器和受委派服务器中都进行必要的配置。

在图 5-47 中，在受委派的 DNS 服务器 DNS3 上创建主区域 china.long60.cn，并且在该区域中创建资源记录，然后在委派的 DNS 服务器 DNS1 上创建委派区域 china。具体步骤如下。

（1）配置受委派服务器。

STEP 1　使用具有管理员权限的用户账户登录受委派服务器 DNS3。

STEP 2　在受委派服务器上安装 DNS 服务器角色和功能。

STEP 3　在受委派服务器 DNS3 上创建正向主要区域 china.long60.cn（正向主要区域的名称必须与受委派区域的名称相同），如图 5-48 和图 5-49 所示。

图 5-48　创建正向主要区域 china.long60.cn(1)

STEP 4　在受委派服务器 DNS3 上创建反向主要区域 10.168.192.addr.arpa。

STEP 5　创建区域完成后，新建资源记录，如建立主机 Client1.china.long60.cn，对应的 IP 地址是 192.168.10.10，DNS1.china.long60.cn 对应的 IP 地址是 192.168.10.1，DNS2.china.long60.cn 对应的 IP 地址是 192.168.10.2，DNS3.china.long60.cn 对应的 IP 地址是 192.168.10.3（必须新建），MS2.china.long60.cn 对应的 IP 地址是 192.168.10.20。Client1 和 MS2 是新建的测试记录。DNS 管理器设置完成后的界面如图 5-50 所示。

（2）配置委派服务器。委派服务器 DNS1 将在 long60.cn 中新建 china 委派域，并将其委派给 DNS3（IP 地址为 192.168.10.3）进行管理。

图 5-49　创建正向主要区域 china.long60.cn(2)

图 5-50　DNS 管理器设置完成后的界面

STEP 1　使用具有管理员权限的用户账户登录委派服务器 DNS1。

STEP 2　打开"DNS 管理器"控制台,在区域 long60.cn 下创建 DNS3 的主机记录,该主机记录是被委派 DNS 服务器的主机记录。(DNS3.long60.cn 对应的 IP 地址是 192.168.10.3)。

STEP 3　右击域 long60.cn 选项,在弹出的快捷菜单中选择"新建委派"命令,打开"新建委派向导"对话框。

STEP 4　单击"下一步"按钮,将打开"受委派域名"对话框,在此对话框中指定要委派给受委派服务器进行管理的域名 china,如图 5-51 所示。

STEP 5　单击"下一步"按钮,将打开"新建委派向导-名称服务器"对话框,在此对话框中指定受委派服务器。单击"添加"按钮,将打开"新建名称服务器记录"对话框,在"服务器完全限定的域名"文本框中输入被委派计算机的主机记录的完全限定的域名

DNS3.china.long60.cn，在"IP 地址"文本框中输入被委派 DNS 服务器的 IP 地址 192.168.10.3 后按 Enter 键，如图 5-52 所示。然后单击"确定"按钮。

注意：由于目前无法解析到 DNS3.china.long60.cn 的 IP 地址，因此输入主机名后不要单击"解析"按钮。

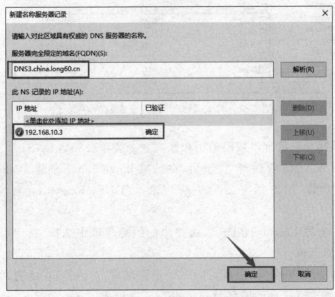

图 5-51　指定受委派域名

图 5-52　添加受委派服务器

STEP 6　单击"确定"按钮，将返回"名称服务器"对话框，从中可以看到受委派服务器，如图 5-53 所示。

图 5-53　名称服务器

STEP 7 单击"下一步"按钮,将打开"完成"对话框,单击"完成"按钮,将返回"DNS 管理器"控制台。在"DNS 管理器"控制台可以看到已经添加的委派子域 china。委派服务器配置完成,如图 5-54 所示。(注意:一定不要在 long60.cn 域上建立 china 子域)

图 5-54　完成委派设置的界面

注意:受委派服务器必须在委派服务器中有一个对应的 A 记录,以便委派服务器指向受委派服务器。该 A 记录可以在新建委派之前创建,否则在新建委派时会自动创建。

(3) 将 DNS3 升级为子域控制器。需要说明的是,将 DNS3 升级为子域控制器在部署委派域时并不是必需的步骤。

STEP 1 参考项目 3 的相关内容,在 DNS3 上安装 Active Directory 域服务。

STEP 2 然后升级为域控制器。当出现图 5-55 所示的窗口时,选中"将新域添加到现有林"单选按钮,选择域类型为"子域",父域为 long60.cn,子域为 china,单击"更改"按钮，输入域 long60.cn 的域管理员账户和密码，单击"确定"按钮。

图 5-55　子域的部署配置

STEP 3 单击"下一步"按钮，直到完成安装，计算机自动重启。至此，DNS3 成功升级为子域 china.long60.cn 的域控制器。

3. 测试委派

STEP 1 使用具有管理员权限的用户账户登录客户端 Client1。首选 DNS 服务器的 IP 地址设为 192.168.10.1。

STEP 2 使用 nslookup 命令，测试 Client1. china.long60.cn。如果成功，说明 IP 地址为 192.168.10.1 的服务器到 IP 地址为 192.168.10.3 的服务器的委派成功，如图 5-56 所示。

图 5-56　测试委派成功

任务 5-7　部署存根区域

存根区域(stub zone)与委派域有点类似,但是此区域内只包含 SOA、NS 与粘连 A (记载授权服务器的 IP 地址)资源记录,利用这些记录可得知此区域的授权服务器。存根区域与委派域的主要差别如下。

- 存根区域内的 SOA、NS 与 A 资源记录是从其主机服务器(此区域的授权服务器)复制过来的,当主机服务器内的这些记录发生变化时,它们会通过区域转送的方式复制过来。存根区域的区域转送只会传送 SOA、NS 与 A 资源记录。其中的 A 资源记录用来记载授权服务器的 IP 地址,此 A 资源记录需要跟随 NS 记录一并被复制到存根区域,否则拥有存根区域的服务器无法解析到授权服务器的 IP 地址,这条 A 资源记录被称为 glue A 资源记录。
- 委派域内的 NS 记录是在执行委派操作时建立的,以后如果此域内有新授权服务器,需由系统管理员手动将此新 NS 记录输入委派域内。

当有 DNS 客户端来查询(查询模式为递归查询)存根区域内的资源记录时,DNS 服务器会利用区域内的 NS 记录得知此区域的授权服务器,然后向授权服务器查询(查询模式为迭代查询)。如果无法从存根区域内找到此区域的授权服务器,那么 DNS 服务器会采用标准方式向根(root)查询。

1. 部署存根区域的需求和环境

将在 DNS2 建立一个正反向查找的存根区域 smile60.cn,并将此区域的查询请求转发给此区域的授权服务器 DNS4 来处理,如图 5-57 所示。

图 5-57　配置 DNS 存根区域网络拓扑图

- DNS2 可沿用任务 5-6 的 DNS 服务器,也可重新建立。DNS2 是独立服务器、DNS 服务器,首选 DNS 的 IP 地址设置为 192.168.10.2,备用 DNS 的 IP 地址设置为 192.168.10.4。

- 建立另外一台 DNS 服务器，设定其 IP 地址为 192.168.10.4/24，首选 DNS 的 IP 地址设置为 192.168.10.4，备用 DNS 的 IP 地址设置为 192.168.10.2，计算机名称设置为 DNS4，完整计算机名称（FQDN）设定为 DNS4 后，重新启动计算机。

2. 确认是否允许区域传送

DNS2 的存根区域内的记录是从授权服务器 DNS4 利用区域传送复制过来的。如果 DNS4 不允许将区域记录传送给 DNS2，那么 DNS1 向 DNS4 提出区域传送请求时会被拒绝。我们先设置让 DNS4 可以将记录通过区域传送复制给 DNS2。下面在 DNS4 上操作。

STEP 1 以管理员身份登录 DNS4，同时安装 Active Directory 域服务和 DNS 服务器角色和功能。

STEP 2 升级 DNS4 为域控制器，域为 smile60.cn（添加新林）。

STEP 3 打开"DNS 管理器"控制台，在 DNS4 内建立 smile60.cn 域的反向主要查找区域。

STEP 4 在 smile60.cn 中新建多条用来测试的主机记录和 PTR 指针，如图 5-58 所示的 WIN10-1、WIN10-2、WIN10-3 等，并应包含 DNS4 自己的主机记录（系统自建）和 PTR 记录，接着单击区域 smile60.cn→属性图标▣。新建主机记录后，再新建相应的 PTR 记录。

注意：DNS4 的主机记录是系统自建，但其 PTR 记录务必手工建立，否则后面会出错。

图 5-58　选择 smile60.cn 域属性

STEP 5 右击 smile60.cn 选项，在弹出的快捷菜单中选择"属性"命令，在打开的对话框中单击"区域传送"选项卡，勾选"区域传送"选项卡下的"允许区域传送"复选框，选中"只允许到下列服务器"单选按钮，单击"编辑"按钮以便选择 DNS2 的 IP 地址。

注意：如果单击"到所有服务器"单选按钮，此时它将接受其他任何一台 DNS 服务器所提出的区域传送要求。建议不要选中该选项，否则此区域记录将轻易地被传送到其他外部 DNS 服务器。

STEP 6 输入 DNS2 的 IP 地址后直接按 Enter 键，再单击"确定"按钮。注意它会通过反向查询来尝试解析拥有此 IP 地址的主机名（FQDN），如果服务器 DNS4 没有反向查找区域可供查询，会显示无法解析的警告消息，但它并不会影响到区域传送。本例中第一步就要求已经建立了反向的主要区域，而新建主机记录的同时要新建 PTR 指针。请读者注意，不用理会警告信息，如图 5-59 所示。

图 5-59　允许区域传送

STEP 7 依次单击"确定""应用""确定"按钮。

STEP 8 类似地，右击图 5-58 所示的反向查找区域的 10.168.192.in-addr.arpa，在弹出的快捷菜单中选择"属性"命令，重复步骤 5～7，设置让 DNS4 可以将反向查找区域的记录通过区域传送复制给 DNS2。

3. 建立存根区域

到 DNS2 上创建存根区域 smile60.cn，并让它从 DNS4 复制区域记录。

STEP 1 到 DNS2 上选择"开始"→"Windows 管理工具"→DNS 命令，选中正向查找区域后，右击，在弹出的快捷菜单中选择"新建区域"命令。

STEP 2 出现欢迎使用新建区域向导界面时，单击"下一步"按钮。

STEP 3 在图 5-60 所示的对话框中选中"存根区域"单选按钮后，单击"下一步"按钮。

STEP 4 在图 5-61 所示的对话框中输入区域名称 smile60.cn 后，单击"下一步"按钮。

STEP 5 出现区域文件界面时，直接单击"下一步"按钮以采用默认的区域文件名。

STEP 6 在图 5-62 所示的对话框中输入主服务器 DNS4 的 IP 地址后按 Enter 键，

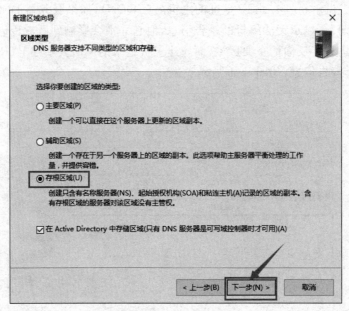

图 5-60　选择"存根区域"选项

图 5-61　"区域名称"设置为 smile60.cn

单击"下一步"按钮。注意，它会通过反向查询来尝试解析拥有此 IP 地址的主机名（FQDN）。若无反向查找区域可供查询或反向查询区域内并没有此记录，则会显示无法解析的警告消息，此时可以不必理会此信息，它并不会影响到区域传送。

STEP 7 出现"正在完成新建区域向导"界面时单击"完成"按钮。

STEP 8 类似地，重复步骤 1～7，新建反向查找区域。

图 5-62　主 DNS 服务器

STEP 9　图 5-63 中的 smile60.cn 就是所建立的存根区域的正向查找区域,其内的 SOA、NS 与记载着授权服务器 IP 地址的 A 资源记录是自动由其主机服务器 DNS4 复制过来的。同样,DNS2 存根区域的反向查找区域也正确地从 DNS4 复制了过来。

图 5-63　存根区域

注意：如果确定所有配置都正确,但一直看不到这些记录,请单击区域 smile60.cn 后按 F5 键来刷新。如果仍然看不到,可以将"DNS 管理器"控制台关闭再重新打开。

存储存根区域的 DNS 服务器默认会每隔 15 分钟自动请求其主机服务器执行区域传送的操作。也可以选中存根区域后右击,在弹出的快捷菜单中选择"从主服务器传输"或"从主服务器传送区域的新副本"命令来手动要求执行区域传送的操作,不过它只会传送 SOA、NS 与记载着授权服务器的 IP 地址的 A 资源记录。

- 从主服务器传输：它会执行常规的区域传送操作,也就是依据 SOA 记录内的序号判断出在主机服务器内有新版本记录,就会执行区域传送的操作。

- 从主服务器传送区域的新副本：不理会 SOA 记录的序号，重新从主机服务器复制 SOA、NS 与记载着授权服务器 IP 地址的 A 资源记录。

4. 到客户端验证

现在可以利用 DNS 客户端 Client1 来测试存根区域。Client1 的 DNS 服务器的 IP 地址设置为 192.168.10.2。利用 nslookup 工具来测试，图 5-64 所示为成功得到 IP 地址的界面。

图 5-64　客户端验证结果

5.4 习　　题

一、填空题

1. _____是一个用于存储单个 DNS 域名的数据库，是域名称空间树状结构的一部分，它将域名空间分区为较小的区段。

2. DNS 顶级域名中表示官方政府单位的是_____。

3. _____表示邮件交换的资源记录。

4. 可以用来检测 DNS 资源是否创建正确的两个工具是_____、_____。

5. DNS 服务器的查询方式有_____、_____。

二、选择题

1. 某企业的网络工程师安装了一台基本的 DNS 服务器，用来提供域名解析。网络中的其他计算机都作为这台 DNS 服务器的客户机。该工程师在服务器创建了一个标准主要区域，在一台客户机上使用 nslookup 工具查询一个主机名称，DNS 服务器能够正确地将其 IP 地址解析出来。可是当使用 nslookup 工具查询该 IP 地址时，DNS 服务器却无法将其主机名称解析出来。请问应(　　)。

　　A. 在 DNS 服务器反向解析区域中,为这条主机记录创建相应的 PTR 指针记录

　　B. 在 DNS 服务器区域属性上设置允许动态更新

　　C. 在要查询的这台客户机上运行命令 ipconfig /registerdns

　　D. 重新启动 DNS 服务器

2. 在 Windows Server 2019 的 DNS 服务器上不可以新建的区域类型有(　　)。

　　A. 转发区域　　　　　B. 辅助区域　　　　C. 存根区域　　　　D. 主要区域

3. DNS 提供了一个(　　)命名方案。

　　A. 分级　　　　　　　B. 分层　　　　　　C. 多级　　　　　　D. 多层

4. DNS 顶级域名中表示商业组织的是(　　)。

　　A. COM　　　　　　　B. GOV　　　　　　C. MIL　　　　　　D. ORG

5. (　　)表示别名的资源记录。

　　A. MX　　　　　　　　B. SOA　　　　　　C. CNAME　　　　　D. PTR

三、简答题

1. DNS 的查询模式有哪几种?

2. DNS 的常见资源记录有哪些?

3. DNS 的管理与配置流程是什么?

4. DNS 服务器属性中的"转发器"的作用是什么?

5. 什么是 DNS 服务器的动态更新?

四、案例分析

　　某企业安装了自己的 DNS 服务器,为企业内部客户端计算机提供主机名称解析。然而企业内部的客户除了访问内部的网络资源外,还想访问 Internet 资源。作为企业的网络管理员,应该怎样配置 DNS 服务器?

5.5　项目实训　配置与管理 DNS 服务器

一、实训目的

- 掌握 DNS 的安装与配置方法。
- 掌握两个以上的 DNS 服务器的建立与管理方法。
- 掌握 DNS 正向查询和反向查询的功能及配置方法。
- 掌握各种 DNS 服务器的配置方法。
- 掌握 DNS 资源记录的规划和创建方法。

配置与管理
DNS 服务器

二、项目环境

本项目实训所依据的网络拓扑图分别如图 5-5、图 5-32 和图 5-47 所示。

三、项目要求

（1）依据图 5-5 完成任务：添加 DNS 服务器，部署主 DNS 服务器，配置 DNS 客户端并测试主 DNS 服务器的配置。

（2）依据图 5-32 完成任务：部署唯缓存 DNS 服务器，配置转发器，测试唯缓存 DNS 服务器。

（3）依据图 5-47 完成任务：部署 DNS 的委派服务。

四、做一做

根据项目实训视频进行项目的实训，检查学习效果。

项目 6　配置与管理 DHCP 服务器

某高校已经组建了学校的校园网,然而随着笔记本电脑的普及,教师移动办公以及学生移动学习的现象越来越多。当计算机从一个网络移动到另一个网络时,需要重新获知新网络的 IP 地址、网关等信息,并对计算机进行设置。这样,客户端就需要知道整个网络的部署情况,需要知道自己处于哪个网段、哪些 IP 地址是空闲的,以及默认网关是多少等信息,不仅用户觉得烦琐,同时也为网络管理员规划网络分配 IP 地址带来了困难。网络中的用户需要无论处于网络中什么位置,都不需要配置 IP 地址、默认网关等信息就能够上网。这就需要在网络中部署 DHCP 服务器。

在完成该项目之前,首先应当对整个网络进行规划,确定网段的划分以及每个网段可能的主机数量等信息。

本项目学习要点

- 了解 DHCP 服务器在网络中的作用。
- 理解 DHCP 的工作过程。
- 掌握 DHCP 服务器的基本配置方法。
- 掌握 DHCP 客户端的配置和测试方法。
- 掌握常用 DHCP 选项的配置方法。
- 理解在网络中部署 DHCP 服务器的解决方案。
- 掌握常见 DHCP 服务器的维护方法。

6.1　项目基础知识

手动设置每一台计算机的 IP 地址是管理员最不愿意做的一件事,于是出现了自动配置 IP 地址的方法,这就是动态主机配置协议(dynamic host configuration protocol,DHCP)。DHCP 可以自动为局域网中的每一台计算机分配 IP 地址,并完成每台计算机的 TCP/IP 配置,包括 IP 地址、子网掩码、网关及 DNS 服务器等。DHCP 服务器能够从预先设置的 IP 地址池中自动给主机分配 IP 地址,它不仅能够解决 IP 地址冲突的问题,还能及时回收 IP 地址以提高 IP 地址的利用率。

6.1.1 何时使用 DHCP 服务

网络中每一台主机的 IP 地址与相关配置，可以采用手动配置和自动获得（自动向 DHCP 服务器获取）两种方式。

DHCP 基础知识

在网络主机数目少的情况下，可以手动为网络中的主机分配静态的 IP 地址，但有时工作量很大，这就需要动态 IP 地址方案。在该方案中，每台计算机并不设定固定的 IP 地址，而是在计算机开机时才被分配一个 IP 地址，这台计算机被称为 DHCP 客户端。在网络中提供 DHCP 服务的计算机称为 DHCP 服务器。DHCP 服务器利用 DHCP（动态主机配置协议）为网络中的主机分配动态 IP 地址，并提供子网掩码、默认网关、路由器的 IP 地址以及一个 DNS 服务器的 IP 地址等。

动态 IP 地址方案可以减少管理员的工作量。只要 DHCP 服务器正常工作，IP 地址就不会发生冲突。要大批量更改计算机的所在子网或其他 IP 参数，只要在 DHCP 服务器上进行即可，管理员不必为每一台计算机设置 IP 地址等参数。

需要动态分配 IP 地址的情况包括以下 3 种。

- 网络的规模较大，网络中需要分配 IP 地址的主机很多，特别是要在网络中增加和删除网络主机或者要重新配置网络时，使用手动分配工作量很大，而且常常会因为用户不遵守规则而出现错误，如导致 IP 地址的冲突等。
- 网络中的主机多，而 IP 地址不够用，这时也可以使用 DHCP 服务器来解决这一问题。例如，某个网络上有 200 台计算机，采用静态 IP 地址时，每台计算机都需要预留一个 IP 地址，即共需要 200 个 IP 地址。然而，这 200 台计算机并不同时开机，甚至可能只有 20 台同时开机，这样就浪费了 180 个 IP 地址。这种情况对互联网服务供应商（Internet service provider，ISP）来说是一个十分严重的问题。如果 ISP 有 100000 个用户，是否需要 100000 个 IP 地址？解决这个问题的方法就是使用 DHCP 服务。
- DHCP 服务使得移动客户可以在不同的子网中移动，并在他们连接到网络时自动获得网络中的 IP 地址。随着笔记本电脑的普及，移动办公的方式很常见。当计算机从一个网络移动到另一个网络时，每次移动也需要改变 IP 地址，并且移动的计算机在每个网络都需要占用一个 IP 地址。

利用拨号上网实际上就是从 ISP 那里动态获得一个共有的 IP 地址。

6.1.2 DHCP 地址分配类型

DHCP 允许 3 种类型的地址分配。

- 自动分配方式。当 DHCP 客户端第一次成功地从 DHCP 服务器端租用到 IP 地址之后，就永远使用这个地址。
- 动态分配方式。当 DHCP 客户端第一次从 DHCP 服务器端租用到 IP 地址之后，并非永久地使用该地址，只要租约到期，客户端就得释放这个 IP 地址，以让给其他工作站使用。当然,客户端可以比其他主机更优先地更新租约,或是租用其他 IP 地址。

- 手动分配方式。DHCP 客户端的 IP 地址是由网络管理员指定的,DHCP 服务器只是把指定的 IP 地址告诉给客户端。

6.1.3　DHCP 服务的工作过程

1. DHCP 工作站第一次登录网络

当 DHCP 客户机启动登录网络时,通过以下步骤从 DHCP 服务器获得租约。

(1) DHCP 客户机在本地子网中先发送 DHCP Discover 报文。此报文以广播的形式发送,因为客户机现在不知道 DHCP 服务器的 IP 地址。

(2) 在 DHCP 服务器收到 DHCP 客户机广播的 DHCP Discover 报文后,它向 DHCP 客户机发送 DHCP Offer 报文,其中包括一个可租用的 IP 地址。

如果没有 DHCP 服务器对客户机的请求做出反应,可能发生以下两种情况。

- 如果客户使用的是 Windows 2000 及后续版本的 Windows 操作系统,且自动设置 IP 地址的功能处于激活状态,那么客户端将自动从 Microsoft 保留 IP 地址段中选择一个自动专用 IP 地址(automatic private IP addressing,APIPA)作为自己的 IP 地址。自动专用 IP 地址的范围是 169.254.0.1~169.254.255.254。使用自动专用 IP 地址可以确保在 DHCP 服务器不可用时,DHCP 客户端之间仍然可以利用自动专用 IP 地址进行通信。所以,即使网络中没有 DHCP 服务器,计算机之间仍能通过网上邻居发现彼此。
- 如果使用其他操作系统或自动设置 IP 地址的功能被禁止,则客户机无法获得 IP 地址,初始化失败。但客户机在后台会每隔 5 分钟发送 4 次 DHCP Discover 报文,直到它收到 DHCP Offer 报文。

(3) 一旦客户机收到 DHCP Offer 报文,它就会发送 DHCP Request 报文到服务器,表示它将使用服务器所提供的 IP 地址。

(4) DHCP 服务器在收到 DHCP Request 报文后,立即发送 DHCP ACK 确认报文,以确定此租约成立,且此报文还包含其他 DHCP 选项信息。

客户机收到确认信息后,利用其中的信息配置它的 TCP/IP 并加入网络中。上述过程如图 6-1 所示。

图 6-1　过程解析图

2. DHCP 工作站第二次登录网络

DHCP 客户机获得 IP 地址后再次登录网络时,就不需要再发送 DHCP Discover 报文了,而是直接发送包含前一次所分配的 IP 地址的 DHCP Request 报文。DHCP 服务器收到 DHCP Request 报文后,会尝试让客户机继续使用原来的 IP 地址,并回答一个 DHCP ACK(确认信息)报文。

如果 DHCP 服务器无法分配给客户机原来的 IP 地址,则回答一个 DHCP NACK(不确认信息)报文。当客户机接收到 DHCP NACK 报文后,就必须重新发送 DHCP Discover 报文来请求新的 IP 地址。

3. DHCP 租约的更新

DHCP 服务器将 IP 地址分配给 DHCP 客户机后,有租用时间的限制,DHCP 客户机必须在该次租用过期前对它进行更新。客户机在 50% 租借时间过去以后,每隔一段时间就开始请求 DHCP 服务器更新当前租借。如果 DHCP 服务器应答,则租用延期。如果 DHCP 服务器始终没有应答,在有效租借期到达 87.5% 时,客户机应该与任何一个其他 DHCP 服务器通信,并请求更新它的配置信息。如果客户机不能和任何 DHCP 服务器取得联系,租借时间到期后,它必须放弃当前的 IP 地址,并重新发送一个 DHCP Discover 报文开始上述 IP 地址获得过程。

客户端可以主动向服务器发出 DHCP Release 报文,将当前的 IP 地址释放。

6.2　项目设计与准备

部署 DHCP 之前应该先进行规划,明确哪些 IP 地址用于自动分配给客户端(作用域中应包含的 IP 地址),哪些 IP 地址用于手动指定给特定的服务器。例如,在项目中,将 IP 地址 192.168.10.10~200/24 用于自动分配;将 IP 地址 192.168.10.100/24~192.168.10.120/24、192.168.10.10/24、192.168.10.20/24 排除,预留给需要手动指定 TCP/IP 参数的服务器;将 192.168.10.200/24 用作保留地址等。

根据图 6-2 所示的环境来部署 DHCP 服务。虚拟机的网络连接模式全部采用"仅主机模式"。

角色:域控制器、DHCP服务器 &DNS服务器
主机名:DNS1
IP地址:192.168.10.1/24
DNS:192.168.10.1

作用域:192.168.10.10/24~192.168.10.200/24
首要DNS:192.168.10.1
默认网关:192.168.10.254
排除地址:192.168.10.100/24~192.168.10.120/24
192.168.10.10/24
192.168.10.20/24
预留地址:192.168.10.200/24

角色:DHCP客户端
主机名:Client1
IP地址:自动获取
DNS:自动获取

long60.cn

角色:DHCP客户端
主机名:Client2
MAC地址:固定
IP地址:保留
DNS:自动获取

图 6-2　架设 DHCP 服务器的网络拓扑图

注意:用于手动配置的 IP 地址,一定是地址池之外的地址,或者是地址池内但已经被排除掉的地址,否则会造成 IP 地址冲突。请读者思考原因。

6.3　项　目　实　施

若利用虚拟环境来练习,请注意以下两点。

(1) 请将这些计算机所连接的虚拟网络的 DHCP 服务器功能禁用;如果利用物理计算机练习,请将网络中其他 DHCP 服务器关闭或停用,如停用 IP 共享设备或宽带路由器内的 DHCP 服务器功能。这些 DHCP 服务器都会干扰实验。

(2) 若 Client1、Client2 与 DNS1 的硬盘是从同一个虚拟硬盘复制来的,则需要执行 C:\Windows\System32\ Sysprep 内的程序 sysprep.exe,并勾选"通用"复选框。

任务 6-1　安装 DHCP 服务器角色

DNS1 已经安装了活动目录集成的 DNS 服务器。下面在其上安装 DHCP 服务器。

STEP 1　选择"开始"→"Windows 管理工具"→"服务器管理器"→"仪表板"→"添加角色和功能"命令,在弹出的对话框中持续单击"下一步"按钮,直到出现图 6-3 所示的"选择服务器角色"窗口时勾选"DHCP 服务器"复选框,在弹出的"添加角色和功能向导"对话框中单击"添加功能"按钮。

STEP 2　持续单击"下一步"按钮,最后单击"安装"按钮,开始安装 DHCP 服务器。安装完毕,单击"关闭"按钮,完成 DHCP 服务器角色的安装。

图 6-3　"选择服务器角色"对话框

STEP 3 单击"关闭"按钮，完成 DHCP 服务器的安装。选择"开始"→"Windows 管理工具"→DHCP 命令，打开 DHCP 控制台，如图 6-4 所示，可以在此配置和管理 DHCP。

图 6-4　DHCP 控制台

提示：由于 DHCP 是安装在域控制器上的，尚没有被"授权"，且 IP 作用域尚没有新建和"激活"，所以在 IPv4 处显示向下的红色箭头。

任务 6-2　授权 DHCP 服务器

Windows Server 2019 为使用活动目录的网络提供了集成的安全性支持。针对 DHCP 服务器，它提供了授权的功能。使用这一功能可以对网络中配置正确的合法 DHCP 服务器进行授权，允许它们对客户端自动分配 IP 地址。同时，还能够检测未授权的非法 DHCP 服务器，以及防止这些服务器在网络中启动或运行，从而提高了网络的安全性。

1. 对域中的 DHCP 服务器进行授权

如果 DHCP 服务器是域的成员，并且在安装 DHCP 服务的过程中没有选择授权，那么在安装完成后就必须先进行授权，才能为客户端计算机提供 IP 地址，独立服务器不需要授权。步骤如下。

在图 6-4 所示的对话框中，右击 DHCP 服务器 dns1.long60.cn，选择快捷菜单中的"授权"命令，即可为 DHCP 服务器授权，重新打开 DHCP 控制台，如图 6-5 所示，显示 DHCP 服务器已授权：IPv4 前面由红色向下箭头变为了绿色对勾。

图 6-5 DHCP 服务器已授权

2. 为什么要授权 DHCP 服务器

由于 DHCP 服务器为客户端自动分配 IP 地址时均采用广播机制,而且客户端在发送 DHCP Request 报文进行 IP 租用选择时,也只是简单地选择第一个收到的 DHCP Offer 报文,这意味着在整个 IP 租用过程中,网络中所有的 DHCP 服务器都是平等的。如果网络中的 DHCP 服务器都是正确配置的,则网络将能够正常运行;如果网络中出现了错误配置的 DHCP 服务器,则可能会引发网络故障。例如,错误配置的 DHCP 服务器可能会为客户端分配不正确的 IP 地址,导致该客户端无法进行正常的网络通信。在图 6-6 所示的网络环境中,配置正确的 DHCP1 可以为客户端提供符合网络规划的 IP 地址192.168.10.51~150/24,而配置错误的非法 DHCP 服务器 bad_dhcp 为客户端提供的却是不符合网络规划的 IP 地址 10.0.0.21~100/24。对网络中的 DHCP 客户端 Client1 来说,由于在自动获得 IP 地址的过程中,两台 DHCP 服务器具有平等的被选择权,因此 Client 将有 50% 的可能性获得一个由 bad_dhcp 提供的 IP 地址,这意味着网络出现故障的可能性将高达 50%。

图 6-6 网络中出现非法的 DHCP 服务器

为了解决这一问题,Windows Server 2019 引入了 DHCP 服务器的授权机制。通过授权机制,DHCP 服务器在服务于客户端之前,需要验证是否已在 AD 中被授权。如果未经授权,将不能为客户端分配 IP 地址。这样就避免了由于网络中出现错误配置的 DHCP

服务器而导致的大多数意外网络故障。

注意：①工作组环境中，DHCP 服务器肯定是独立的服务器，无须授权（也不能授权）也能向客户端提供 IP 地址。②域环境中，域控制器或域成员身份的 DHCP 服务器能够被授权，为客户端提供 IP 地址。③域环境中，独立服务器身份的 DHCP 服务器不能被授权，若域中有被授权的 DHCP 服务器，则该服务器不能为客户端提供 IP 地址；若域中没有被授权的 DHCP 服务器，则该服务器可以为客户端提供 IP 地址。

任务 6-3　管理 DHCP 作用域

一台 DHCP 服务器可以创建多个不同的作用域。作用域在安装 DHCP 服务的过程中创建，也可以在安装完成后在 DHCP 控制台中创建。

1. 创建 DHCP 作用域

若在安装时没有建立作用域，也可以单独建立 DHCP 作用域。步骤如下。

STEP 1 在 DNS1 上打开 DHCP 控制台，展开服务器名，右击 IPv4 选项，在弹出的快捷菜单中选择"新建作用域"命令。

STEP 2 单击"下一步"按钮，显示"作用域名"对话框，在"名称"文本框中输入新作用域的名称，用来与其他作用域相区分。本例为"作用域 1"。

STEP 3 单击"下一步"按钮，显示图 6-7 所示的"IP 地址范围"对话框。在"起始 IP 地址"和"结束 IP 地址"文本框中输入欲分配的 IP 地址范围。

图 6-7　"IP 地址范围"对话框

STEP 4 单击"下一步"按钮,显示图 6-8 所示的"添加排除和延迟"对话框,设置客户端的排除地址。在"起始 IP 地址"和"结束 IP 地址"文本框中输入欲排除的 IP 地址或 IP 地址段,单击"添加"按钮,添加到"排除的地址范围"列表框中。

图 6-8 "添加排除和延迟"对话框

STEP 5 单击"下一步"按钮,显示"租用期限"对话框,设置客户端租用 IP 地址的时间。

STEP 6 单击"下一步"按钮,显示"配置 DHCP 选项"对话框,提示是否配置 DHCP 选项,选中默认的"是,我想现在配置这些选项"单选按钮。

STEP 7 单击"下一步"按钮,显示图 6-9 所示的"路由器(默认网关)"对话框,在"IP 地址"文本框中输入要分配的网关,单击"添加"按钮,添加到列表框中。本例为 192.168.10.254。

STEP 8 单击"下一步"按钮,显示"域名称和 DNS 服务器"对话框。在"父域"文本框中输入进行 DNS 解析时所使用的父域,在"IP 地址"文本框中输入 DNS 服务器的 IP 地址,单击"添加"按钮,添加到列表框中,如图 6-10 所示。本例为 192.168.10.1。

STEP 9 单击"下一步"按钮,显示"WINS 服务器"对话框,设置 WINS 服务器。如果网络中没有配置 WINS 服务器,则不必设置。

STEP 10 单击"下一步"按钮,显示"激活作用域"对话框,询问是否要激活作用域。建议选中默认的"是,我想现在激活此作用域"单选按钮。

STEP 11 单击"下一步"按钮,显示"正在完成新建作用域向导"对话框。

STEP 12 单击"完成"按钮,作用域创建完成并自动激活。

2. 建立多个 IP 作用域

可以在一台 DHCP 服务器内建立多个 IP 作用域,以便对多个子网内的 DHCP 客户

图 6-9 "路由器（默认网关）"对话框

图 6-10 "域名称和 DNS 服务器"对话框

端提供服务，如图 6-11 所示的 DHCP 服务器内有两个 IP 作用域，一个用来提供 IP 地址给左边网络内的客户端，此网络的网络标识符为 192.168.10.0；另一个 IP 作用域用来提供 IP 地址给右边网络内的客户端，其网络标识符为 192.168.20.0。

右侧网络的客户端在向 DHCP 服务器租用 IP 地址时，DHCP 服务器会选择 192.168.20.0 作用域的 IP 地址，而不是 192.168.10.0 作用域的 IP 地址；右侧客户端所发出的租用 IP

图 6-11　超级作用域应用实例

数据包,是通过路由器转发的,路由器会在这个数据包内的 GIADDR(gateway IP address)字段中填入路由器的 IP 地址(192.168.20.254),因此 DHCP 服务器便可以通过此 IP 地址得知 DHCP 客户端位于 192.168.20.0 的网段内,选择 192.168.20.0 作用域的 IP 地址给客户端。

注意:除了 GIADDR 之外,有些网络环境中的路由器还需要使用 DHCP option 82 内的更多信息来判断应该出租什么 IP 地址给客户端。请读者不妨亲自搭建测试一下。

左侧网络的客户端在向 DHCP 服务器租用 IP 地址时,DHCP 服务器会选择 192.168.10.0 作用域的 IP 地址,而不是 192.168.20.0 作用域的 IP 地址:左侧客户端所发出的租用 IP 数据包,是直接由 DHCP 服务器来接收的,因此数据包内的 GIADDR 字段中的路由器 IP 地址为 0.0.0.0,当 DHCP 服务器发现此 IP 地址为 0.0.0.0 时,就知道是同一个网段(192.168.10.0)内的客户端要租用 IP 地址,因此它会选择 192.168.10.0 作用域的 IP 地址给客户端。

任务 6-4　保留特定的 IP 地址

如果用户想保留特定的 IP 地址给指定的客户机,以便 DHCP 客户机在每次启动时都获得相同的 IP 地址,就需要将该 IP 地址与客户机的 MAC 地址绑定。设置步骤如下。

`STEP 1` 打开 DHCP 控制台,在左窗格中单击作用域中的“保留”选项。

`STEP 2` 选择“操作”→“新建保留”命令,打开“新建保留”对话框,如图 6-12 所示。

`STEP 3` 在“IP 地址”文本框中输入要保留的 IP 地址。本例为 192.168.10.200。

`STEP 4` 在“MAC 地址”文本框中输入要保留给哪一个网卡。本例为“00-0C-29-9E-7C-E5”,可以在目标客户机的命令提示符下执行 ipconfig /all 命令查询 MAC(物理)地址。

`STEP 5` 在“保留名称”文本框中输入客户名称。注意此名称只是一般的说明文字,并不是用户账号的名称,但此处不能为空白。

图 6-12 "新建保留"对话框

STEP 6 如果有需要，可以在"描述"文本框内输入一些描述此客户的说明性文字。

添加完成后，用户可单击作用域中的"地址租约"选项进行查看。大部分情况下，客户机使用的仍然是以前的 IP 地址。也可用以下命令进行更新。

- ipconfig /release：释放现有 IP。
- ipconfig /renew：更新 IP。

STEP 7 在 MAC 地址为 00-0C-29-9E-7C-E5 的计算机 Client2 上进行测试，该计算机的 IP 地址获取方式为自动获取。测试结果如图 6-13 所示。

图 6-13 保留地址测试结果

注意：如果在设置保留地址时，网络上有多台 DHCP 服务器存在，用户需要在其他服务器中将此保留地址排除，使客户机可以获得正确的保留地址。

任务 6-5 配置 DHCP 选项

DHCP 服务器除了可以为 DHCP 客户机提供 IP 地址外,还可以设置 DHCP 客户机启动时的工作环境,如可以设置客户机登录的域名称、DNS 服务器、WINS 服务器、路由器、默认网关等。

1. DHCP 选项

在客户机启动或更新租约时,DHCP 服务器可以自动设置客户机启动后的 TCP/IP 环境。由于目前大多数 DHCP 客户端均不能支持全部的 DHCP 选项,因此在实际应用中,通常只需对一些常用的 DHCP 选项进行配置,常用的 DHCP 选项如表 6-1 所示。

表 6-1 常用的 DHCP 选项

选项代码	选项名称	说　　明
003	路由器	DHCP 客户端所在 IP 子网的默认网关的 IP 地址
006	DNS 服务器	DHCP 客户端解析 FQDN 时需要使用的首选和备用 DNS 服务器的 IP 地址
015	DNS 域名	指定 DHCP 客户端在解析只包含主机但不包含域名的不完整 FQDN 时应使用的默认域名
044	WINS 服务器	DHCP 客户端解析 NetBIOS 名称时需要使用的首选和备用 WINS 服务器的 IP 地址
046	WINS/NBT 节点类型	DHCP 客户端使用的 NetBIOS 名称解析方法

DHCP 服务器提供了许多选项,如默认网关、域名、DNS、WINS、路由器等。选项包括以下 4 种类型。

- 默认服务器选项:这些选项的设置影响 DHCP 控制台窗口下该服务器的所有作用域中的客户和类选项。
- 作用域选项:这些选项的设置只影响该作用域下的地址租约。
- 类选项:这些选项的设置只影响被指定使用该 DHCP 类 ID 的客户机。
- 保留客户选项:这些选项的设置只影响指定的保留客户。

如果在服务器选项与作用域选项中设置了不同的选项,则作用域选项起作用,即在应用时,作用域选项将覆盖服务器选项。同理,类选项会覆盖作用域选项、保留客户选项覆盖以上 3 种选项,它们的优先级表示如下:

保留客户选项 ＞ 类选项 ＞ 作用域选项 ＞默认服务器选项

2. 配置 DHCP 服务器选项和作用域选项

为了进一步了解选项设置,以在作用域中添加 DNS 选项为例说明 DHCP 的选项设置。

STEP 1 打开 DHCP 控制台,在左窗格中展开服务器,单击"作用域选项"选项,选择"操作"→"配置选项"命令。

STEP 2 打开"作用域选项"对话框，如图 6-14 所示。在"常规"选项卡的"可用选项"列表中勾选"006 DNS 服务器"复选框，输入 IP 地址，单击"确定"按钮结束。

图 6-14　设置作用域选项

3. 配置 DHCP 类别选项

（1）类别选项概述。通过策略为特定的客户端计算机分配不同的 IP 地址与选项时，可以通过 DHCP 客户端所发送的供应商类别、用户类来区分客户端计算机。

- 用户类。可以为某些 DHCP 客户端计算机设置用户类标识符，例如，标识符为 IT。当这些客户端向 DHCP 服务器租用 IP 地址时，会将这个类标识符一并发送给服务器，而服务器会依据此类别标识符来为这些客户端分配专用的选项设置。
- 供应商类别。可以根据操作系统厂商所提供的供应商类别标识符来设置选项。Windows Server 网络操作系统的 DHCP 服务器已具备识别 Windows 客户端的能力，并通过以下 4 个内置的供应商类别选项来设置客户端的 DHCP 选项。

① DHCP Standard Options：适用于所有的客户端。

② Microsoft Windows 2000 选项：适用于 Windows 2000 操作系统（含）后的客户端。

③ Microsoft Windows 98 选项：适用于 Windows 98/ME 操作系统的客户端。

④ Microsoft 选项：适用于其他的 Windows 客户端。

如果要支持其他操作系统的客户端，就先查询其供应商类别标识符，然后在 DHCP 服务器内新建此供应商类别标识符，并针对这些客户端来设置选项。Android 系统的供应商类别标识符的前 6 码为 dhcpcd，因此可以利用 dhcpcd * 来代表所有的 Android 设备。

（2）用户类实例的问题需求。以下将通过用户类标识符来识别客户端计算机，且仍

然采用图 6-2 所示的网络环境。假设客户端 Client1 的用户类标识符为 IT。当 Client1
向 DHCP 服务器租用 IP 地址时,会将此标识符 IT 传递给服务器,我们希望服务器根据
此标识符来分配客户端的 IP 地址,IP 地址的范围为 192.168.10. 150/24～192.168.10.
180/24,并且将客户端的 DNS 服务器的 IP 地址设置为 192.168.10.1。

(3) 在 DHCP 服务器 DNS1 上新建用户类标识符。

STEP 1　选中 IPv4 选项后,右击,在弹出的快捷菜单中选择"定义用户类"命令,如
图 6-15 所示。

图 6-15　定义用户类

STEP 2　单击"添加"按钮,假设在显示名称处将其设置为"技术部",直接在 ASCII
处输入用户类标识符 IT 后,单击"确定"按钮,注意此处区分大小写,例如,IT 与 it 是不同
的,如图 6-16 所示。

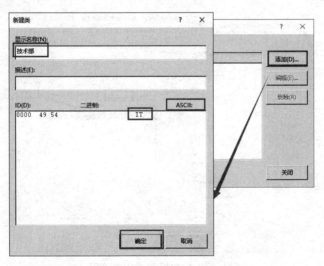

图 6-16　添加用户类 IT

提示：若要新建供应商类别标识符，则选中 IPv4 选项后，右击，在弹出的快捷菜单中选择"定义供应商类"命令。

（4）在 DHCP 服务器内针对标识符 IT 设置类别选项。假设客户端计算机是通过前面所建立的作用域"作用域 1"来租用 IP 地址的，因此我们要通过此作用域的策略来将 DNS 服务器的 IP 地址 192.168.10.1 分配给用户类标识符为 IT 的客户端。

STEP 1 选中"作用域 1"内的"策略"选项后，右击，在弹出的快捷菜单中选择"新建策略"命令，如图 6-17 所示。

图 6-17　新建策略

STEP 2 设置此策略的名称（假设是 TestIT）后单击"下一步"按钮。

STEP 3 单击"添加"按钮来设置筛选条件，在弹出的对话框中将"条件"下拉列表框的"用户类"设置为"技术部"（其标识符为 IT ），单击"确定"按钮，如图 6-18 所示。

图 6-18　设置用户类为技术部

STEP 4 回到前一个界面，单击"下一步"按钮。

STEP 5 根据需求，我们要在此策略内分配 IP 地址，如图 6-19 所示，设置 IP 地址的范围为 192.168.10.150.150～192.168.10.180.180。

图 6-19　设置 IP 地址的范围

STEP 6 将 DNS 服务器的 IP 地址设置为 192.168.10.1，单击"下一步"按钮，如图 6-20 所示。

图 6-20　设置 DNS 服务器的 IP 地址

STEP 7 出现摘要界面时单击"完成"按钮。

STEP 8 图 6-21 所示的 TestIT 为刚才所建立的策略，DHCP 服务器会将这个策略内的设置分配给客户端计算机。

图 6-21　TestIT 策略已启用

（5）DHCP 客户端的设置。

STEP 1 需要先将 DHCP 客户端的用户类标识符设置为 IT，假设客户端为 Client1，选择"开始"→"Windows 系统"命令，打开"Windows 系统"对话框，右击"命令提示符"选项，在弹出的快捷菜单中选择"更多"→"以管理员身份运行"命令，利用 ipconfig /setclassid "Ethernet0" IT 命令来设置用户类标识符（类标识符区分大小写），如图 6-22 所示。

图 6-22　在客户端设置用户类标识符

提示：图 6-22 中的 Ethernet0 是网络连接的名称，Windows 10 操作系统的客户端，可以右击"开始"菜单，在弹出的快捷菜单中选择"运行"命令，然后在"打开"对话框的文本框中输入 control 后，按 Enter 键，再选择"网络和 Internet"→"网络和共享中心"命令来查看，每一个网络连接都可以设置一个用户类标识符，如图 6-23 所示。

图 6-23　查看"网络连接"名称

STEP 2 客户端设置完成后,可以利用 ipconfig /all 命令来检查,如图 6-24 所示。

图 6-24 客户端设置成功

STEP 3 到这台用户类标识符为 IT 的客户端计算机上利用 ipconfig /renew 命令来向服务器租用 IP 地址或更新 IP 租约,此时它所得到的 DNS 服务器的 IP 地址会是我们所设置的 192.168.10.1,所得到的 IP 地址也应处在所设的 IP 地址范围之内。读者可在客户端计算机上利用图 6-25 所示的 ipconfig /all 命令查看。可在客户端计算机上执行 ipconfig /setclassid "Ethernet0"命令来删除用户类标识符。

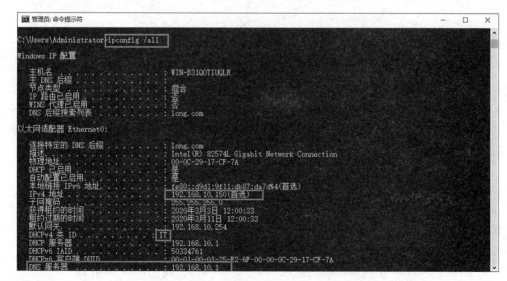

图 6-25 客户端测试成功

提示：任务 6-5 完成后，可以在 DNS1 上删除 DHCP 服务器的策略并重启计算机。在 Client1 上使用 ipconfig /setclassid "Ethernet"将 DHCP 客户端的用户类标识符设置为空。

任务 6-6　DHCP 中继代理

如果 DHCP 服务器与客户端分别位于不同的网络，由于 DHCP 消息以广播为主，而连接这两个网络的路由器不会将此广播消息转发到另外一个网络，因此限制了 DHCP 的有效使用范围。

1. 跨网络 DHCP 服务器的使用

此时可采用以下方法来解决这个问题。在每一个网络内都安装一台 DHCP 服务器，它们各自对所属网络内的客户端提供服务。

（1）选用符合 RFC 1542 规范的路由器。此路由器可以将 DHCP 消息转发到不同的网络。图 6-26 所示为左侧 DHCP 客户端 A 通过路由器转发 DHCP 消息的步骤，图中的数字就是其工作顺序。

- DHCP 客户端 A 利用广播消息（DHCP Discover）查找 DHCP 服务器。
- 路由器收到此消息后，将此广播消息转发到另一个网络。
- 另一个网络内的 DHCP 服务器收到此消息后，直接响应一个消息（DHCP Offer）给路由器。
- 路由器将此消息广播（DHCP Offer）给 DHCP 客户端 A。
- 之后由客户端所发出的 DHCP Request 消息以及由服务器发出的 DHCP ACK 消息也都是通过路由器来转发的。

图 6-26　通过路由器转发 DHCP 消息

（2）如果路由器不符合 RFC 1542 规范。可在没有 DHCP 服务器的网络内将一台 Windows 服务器设置为 DHCP 中继代理（DHCP relay agent）来解决问题，因为它具备将 DHCP 消息直接转发给 DHCP 服务器的功能。

下面说明图 6-27 上方的 DHCP 客户端 A 通过 DHCP 中继代理的工作步骤。

- DHCP 客户端 A 利用广播消息（DHCP discover）查找 DHCP 服务器。
- DHCP 中继代理收到此消息后，通过路由器将其直接发送给另一个网络内的

图 6-27　DHCP 中继代理的工作步骤

DHCP 服务器。
- DHCP 服务器通过路由器直接响应消息（DHCP offer）给 DHCP 中继代理。
- DHCP 中继代理将此消息广播（DHCP offer）给 DHCP 客户端 A。

之后由客户端所发出的 DHCP Request 消息以及由服务器发出的 DHCP ACK 消息也都是通过 DHCP 中继代理来转发的。

2. 中继代理网络拓扑图

我们以图 6-28 为例来说明如何设置 DHCP 中继代理。当 DHCP 中继代理 GW1 收到 DHCP 客户端的 DHCP 消息时，会将其转发到"网络 B"的 DHCP 服务器。

图 6-28　完整的中继代理实训网络拓扑图

完整的中继代理网络拓扑如图 6-28 所示。GW1 担任 DHCP 中继代理，同时代替路由器实现网络间的路由功能。DNS1、Client1 和 GW1 的网卡 1（对应的 IP 地址为192.168.10.254/24）的虚拟机网络连接模式使用自定义网络的 VMnet1，Client2 和 GW1的网卡 2（对应的 IP 地址为 192.168.20.254/24）的虚拟机网络连接模式使用自定义网络的 VMnet2。

注意：自定义网络的子网可以通过选择虚拟机的"编辑"→"虚拟网络编辑器"命令进行添加。

提示：GW1 可由项目 7 的 DNS2 改名、安装双网卡，以及修改 IP 地址等参数来实现。

3. 在 DNS1 上新建两个作用域

以管理员身份登录计算机 DNS1，打开 DHCP 控制台，新建两个作用域 DHCP10 和DHCP20。DHCP10 作用域要求：IP 地址范围是 192.168.10.21～192.168.10.200，默认网关是 192.168.10.254。DHCP20 作用域要求：IP 地址范围是 192.168.20.21～192.168.20.200，默认网关是 192.168.20.254。设置完成后，可以自行测试（Client1 可以成功获取地址）。

4. 在 GW1 上安装路由和远程访问

我们需要在 GW1 上安装远程访问角色，然后通过其所提供的路由和远程访问服务来设置 DHCP 中继代理。GW1 是双网卡。

STEP 1 打开"服务器管理器"窗口，单击"仪表板"处的"添加角色和功能向导"按钮，持续单击"下一步"按钮，直到出现图 6-29 所示的"选择服务器角色"界面时，勾选"远程访问"复选框。

图 6-29　添加"远程访问"角色和功能

STEP 2　持续单击"下一步"按钮,直到出现图 6-30 所示的"选取角色服务"界面时,勾选"DirectAccess 和 VPN (RAS)"复选框,单击"下一步"按钮,在新弹出的"添加角色和功能向导"对话框中单击"添加功能"→"确定"按钮。

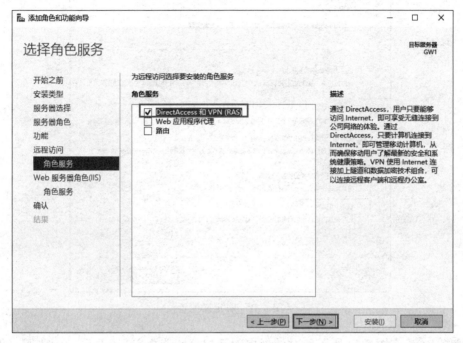

图 6-30　选择角色服务

STEP 3　持续单击"下一步"按钮,直到出现"确认安装所选内容"界面时,单击"安装"按钮。完成安装后单击"关闭"按钮,重新启动计算机并登录。

STEP 4　在"服务器管理器"界面选择右上方的"工具"→"路由和远程访问"命令,弹出"路由和远程访问"窗口,如图 6-31 所示,选中本地计算机后,右击,在弹出的快捷菜单中选择"配置并启用路由和远程访问"命令,单击"下一步"按钮。

图 6-31　配置并启用路由和远程访问

STEP 5 在图 6-32 所示的对话框中选中"自定义配置"单选按钮，单击"下一步"按钮。

图 6-32　自定义配置

STEP 6 在图 6-33 所示的对话框中勾选"LAN 路由"复选框后，单击"下一步"→"完成"按钮（此时若出现"无法启动路由和远程访问"警告界面，不必理会，直接单击"确定"按钮即可）。

图 6-33　选择"LAN 路由"

STEP 7　在图 6-34 所示的对话框中单击"启动服务"按钮。

图 6-34　启动服务

5. 在 GW1 上设置中继代理

STEP 1　选中 IPv4 之下的"常规"选项后,右击,在弹出的快捷菜单中选择"新增路由协议"命令,在弹出的"新路由协议"对话框中选择"DHCP Relay Agent"选项后,单击"确定"按钮,如图 6-35 所示。

图 6-35　新增路由协议

STEP 2　选中"DHCP 中继代理"选项后单击"属性"按钮,在"服务器地址"文本框中输入 DHCP 服务器的 IP 地址(192.168.10.1)后单击"确定"按钮,如图 6-36 所示。

STEP 3　选中"DHCP 中继代理"选项后右击,在弹出的快捷菜单中选择"新增接口"命令,选择"Ethernet1"选项,单击"确定"按钮,如图 6-37 所示。当 DHCP 中继代理收到通过 Ethernet1 传输的 DHCP 数据包时,就会将它转发给 DHCP 服务器。这里所选择的以太网就是图 6-37 中 IP 地址为 192.168.20.254 的网络接口(通过未被选择的网络接口所发送过来的 DHCP 数据包,并不会被转发给 DHCP 服务器)。

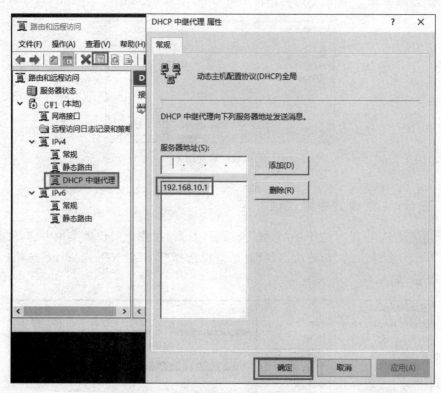

图 6-36　添加 DHCP 服务器的 IP 地址

图 6-37　新增接口

注意：Ethernet0 连接在 VMnet1 上，其 IP 地址是 192.168.10.254；Ethernet1 连接在 VMnet2 上，其 IP 地址是 192.168.20.254。

STEP 4 在图 6-38 所示的对话框中直接单击"确定"按钮即可。

图 6-38   中继 DHCP 数据包

* 跃点计数阈值。跃点计数阈值表示 DHCP 数据包在转发过程中最多能够经过多少个 RFC 1542 路由器。
* 启动阈值。在 DHCP 中继代理收到 DHCP 数据包后，会等此处的时间过后再将数据包转发给远程 DHCP 服务器。如果本地与远程网络内都有 DHCP 服务器，而又希望由本地网络的 DHCP 服务器优先提供服务，则此时可以通过此处的设置来延迟将消息发送到远程 DHCP 服务器，因为在这段时间内可以让同一网络内的 DHCP 服务器有机会先响应客户端的请求。

STEP 5 测试是否能成功路由。为了测试方便，请将 GW1 和 DNS1 的防火墙关闭。使用 ping 命令进行测试，两台计算机间应该通信顺畅。

6. 在 Client2 上测试 DHCP 中继

将客户端 Client2 的 IP 地址设置为自动获取，在命令提示符下进行测试，如图 6-39 所示。

提示：通过 DHCP 中继，Windows DHCP 服务器可以管理更大的网络拓扑，并确保所有设备都能够获得所需的 IP 地址、DNS 服务器和网关等信息。如果网络要跨越多个子网，使用 DHCP 中继代理可以提高网络运营效率，同时使管理更加简单易用。

图 6-39　在 Client2 上测试 DHCP 中继成功

任务 6-7　配置超级作用域

超级作用域是运行 Windows Server 2019 的 DHCP 服务器的一种管理功能。当 DHCP 服务器上有多个作用域时，就可组成超级作用域，作为单个实体来管理。超级作用域常用于多网配置。多网是指在同一物理网段上使用两个或多个 DHCP 服务器以管理分离的逻辑 IP 网络。在多网配置中，可以使用 DHCP 超级作用域来组合多个作用域，为网络中的客户机提供来自多个作用域的租约。

1. 超级作用域网络环境

其网络拓扑图如图 6-40 所示。其中，GW1 是网关服务器，可以由带 3 块网卡的 Windows Server 2019 充当，3 块网卡分别连接虚拟机的 VMnet1、VMnet2 和 VMnet3。DNS1 是 DHCP 服务器，作用域 1 的"003 路由器"选项为 192.168.10.254，作用域 2 的"003 路由器"选项为 192.168.20.254，作用域 3 的"003 路由器"选项为 192.168.30.254。

3 台客户端分别连接到虚拟机的 VMnet1、VMnet2 和 VMnet3，DHCP 客户端的 IP 地址获取方式是自动获取。

- DHCP 客户端 1 应获取到 192.168.10.0/24 网络中的 IP 地址，网关是 192.168.10.254。
- DHCP 客户端 2 应获取到 192.168.20.0/24 网络中的 IP 地址，网关是 192.168.20.254。

- DHCP 客户端 3 应该获取到 192.168.30.0/24 网络中的 IP 地址，网关是 192.168.30.254。图中是获取到有示例 IP 地址。

路由器：GW1（符合 RFC 1542）
IP 地址 1：192.168.10.254/24
IP 地址 2：192.168.20.254/24
IP 地址 3：192.168.30.254/24

角色：DHCP 客户端 1
IP 地址（VMnet1）：自动获取
默认网关：自动获取

角色：DHCP 客户端 2
IP 地址（VMnet2）：自动获取
默认网关：自动获取

角色：DHCP 客户端 3
IP 地址（VMnet3）：自动获取
默认网关：自动获取

角色：DHCP 服务器
主机名：DNS1
IP 地址 1：192.168.10.1/24
操作系统：Windows Server 2016
超级作用域包含下列成员作用域
作用域 1：192.168.10.10/24~192.168.10.200/24
作用域 2：192.168.20.10/24~192.168.20.200/24
作用域 3：192.168.30.10/24~192.168.30.200/24
成员作用域排除的 IP 地址
作用域 1：192.168.10.100/24
作用域 2：192.168.20.100/24~192.168.20.110/24
作用域 3：192.168.30.100/24

图 6-40　超级作用域网络拓扑图

说明：如果在实训中 GW1 由 Windows Server 2019 来替代，需满足以下两个条件。①安装 3 块网卡，启用路由。②GW1 必须和 DHCP 集成到一台 Windows Server 2019 上。因为 Windows Server 2019 替代路由器无法转发 DHCP 广播报文，除非在 GW1 上部署 DHCP 中继代理。

2. 超级作用域设置方法

（1）在 GW1 上安装路由和远程访问。请读者参照任务 6-6 中的"4. 在 GW1 上安装路由和远程访问"的相关内容进行安装，安装完成后进行路由测试。

（2）在 DNS1 上新建"超级作用域"（原作用域可删除）。

STEP 1　在 DHCP 控制台中，按要求分别新建作用域 1、作用域 2 和作用域 3。

STEP 2　右击 DHCP 服务器下的 IPv4 选项，在弹出的快捷菜单中选择"新建超级作用域"命令，打开"新建超级作用域向导"对话框。在"选择作用域"对话框中，可选择要加入超级作用域管理的作用域。本例中将作用域 1、作用域 2 和作用域 3 全部选择，如图 6-41 所示。

STEP 3　超级作用域创建以后会显示在 DHCP 控制台中，如图 6-42 所示。还可以将其他作用域也添加到该超级作用域中。

DHCP 客户端向 DHCP 服务器租用 IP 地址时，服务器会从超级作用域中的任何一个普通作用域中选择一个 IP 地址。超级作用域可以解决多网结构中的某些 DHCP 部署问题。比较典型的情况是，当前活动作用域的可用地址池几乎已耗尽，而又要向网络添加更多的计算机时，可使用另一个 IP 网络地址范围以扩展同一物理网段的地址空间。

注意：超级作用域只是一个简单的容器，删除超级作用域时并不会删除其中的子作用域。

（3）在 DHCP 客户端进行测试。分别在 DHCP 客户端 1、DHCP 客户端 2 和 DHCP 客户端 3 上进行测试。

图 6-41　选择作用域

图 6-42　超级作用域

任务 6-8　配置 DHCP 客户端和测试

目前常用的操作系统均可作为 DHCP 客户端，本任务仅以 Windows 平台为客户端。

1. 配置 DHCP 客户端

在 Windows 平台中配置 DHCP 客户端非常简单。

（1）在客户端 Client1 上打开"Internet 协议版本 4（TCP/IPv4）属性"对话框。

（2）选中"自动获得 IP 地址"和"自动获得 DNS 服务器地址"两个单选按钮即可。

提示：由于 DHCP 客户机是在开机的时候自动获得 IP 地址的，因此并不能保证每次获得的 IP 地址是相同的。

2. 测试 DHCP 客户端

在 DHCP 客户端上打开命令提示符窗口，使用 ipconfig /all 和 ping 命令对 DHCP 客户端进行测试。

3. 手动释放 DHCP 客户端 IP 地址租约

在 DHCP 客户端上打开命令提示符窗口，使用 ipconfig /release 命令手动释放 DHCP 客户端 IP 地址租约。请读者试着做一下。

4. 手动更新 DHCP 客户端 IP 地址租约

在 DHCP 客户端上打开命令提示符窗口，使用 ipconfig /renew 命令手动更新 DHCP 客户端 IP 地址租约。请读者试着做一下。

5. 在 DHCP 服务器上验证租约

使用具有管理员权限的用户账户登录 DHCP 服务器，打开 DHCP 控制台。在左侧控制台树中双击 DHCP 服务器，在展开的树中双击作用域，然后单击"地址租用"选项，将能够看到从当前 DHCP 服务器的当前作用域中租用 IP 地址的租约，如图 6-43 所示。

图 6-43　IP 地址租约

6. 客户端的备用设置

客户端如果因故无法向 DHCP 服务器租用到 IP 地址，客户端会每隔 5 分钟自动去找 DHCP 服务器租用 IP 地址，在未租用到 IP 地址之前，客户端可以暂时使用其他 IP 地址，此 IP 地址可以通过图 6-44 的"备用配置"选项卡进行设置。

* 自动专用 IP 地址（automatic private IP addressing，APIPA）。这是默认值，当客户端无法从 DHCP 服务器租用到 IP 地址时，它们会自动使用 169.254.0.0/16 格

图 6-44　客户端的备用配置

式的专用 IP 地址。

- 用户配置。客户端会自动使用此处的 IP 地址与设置值。它特别适合客户端计算机需要在不同网络中使用的场合，例如，客户端为笔记本电脑，这台计算机在公司是向 DHCP 服务器租用 IP 地址的，但拿回家使用时，如果家里没有 DHCP 服务器，无法租用到 IP 地址，就自动使用此处所设置的 IP 地址。

任务 6-9　部署复杂网络的 DHCP 服务器

根据网络的规模，可在网络中安装一台或多台 DHCP 服务器。对于较复杂的网络，主要涉及以下几种情况：在单物理子网中配置多个 DHCP 服务器、多宿主 DHCP 服务器和跨网段的 DHCP 中继代理。

1. 在单物理子网中配置多个 DHCP 服务器

在一些比较重要的网络中，通常单个物理子网中需要配置多个 DHCP 服务器。这样有两大好处：一是提供容错，如果一个 DHCP 服务器出现故障或不可用，则另一个服务器就可以取代它，并继续提供租用新的地址或续租现有地址的服务；二是负载均衡，起到在网络中平衡 DHCP 服务器的作用。

为了平衡 DHCP 服务器的使用，较好的方法是使用 80/20 规则划分两个 DHCP 服务器之间的作用域地址。例如，将服务器 1 配置成可使用大多数地址（约 80%），则服务器 2 可以配置成让客户机使用其他地址（约 20%）。图 6-45 所示为 80/20 规则的典型应用

图 6-45　80/20 规则的典型应用示例

示例。

注意：要实现图 6-45 的目标，可以利用 DHCP 拆分作用域配置向导来帮助自动在备用服务器上建立作用域，并自动将主、辅两台服务器的 IP 地址设置好。由于本书篇幅限制，该项内容请读者参考作者的相关书籍。

2. 多宿主 DHCP 服务器

多宿主 DHCP 服务器是指一台 DHCP 服务器为多个独立的网段提供服务，其中每个网络连接都必须连入独立的物理网络。这种情况要求在计算机上使用额外的硬件，典型的情况是安装多个网卡。

例如，某个 DHCP 服务器连接了两个网络，网卡 1 的 IP 地址为 192.168.10.100，网卡 2 的 IP 地址为 192.168.10.200。在服务器上创建两个作用域：一个面向的网络为 192.168.10.0，另一个面向的网络为 192.168.20.0。这样当与网卡 1 位于同一网段的 DHCP 客户机访问 DHCP 服务器时，将从与网卡 1 对应的作用域中获取 IP 地址；同样，与网卡 2 位于同一网段的 DHCP 客户机也将获得相应的 IP 地址。

提示：跨网段的 DHCP 中继代理内容请向作者索要电子版资料，在此不再赘述。

任务 6-10　维护 DHCP 数据库

DHCP 服务器的数据库文件内存储着 DHCP 的配置数据，如 IP 作用域、出租地址、保留地址与选项设置等，系统默认将数据库文件存储在％Systemroot％\ System32\dhcp 文件夹内，如图 6-46 所示，％Systemroot％是指系统根目录，本例中是 C:\Windows。其中最主要的是数据库文件 dhcp.mdb，其他是辅助文件，请勿随意更改或删除这些文件，否则 DHCP 服务器可能无法正常运行。

注意：可以右击 DHCP 服务器，在弹出的快捷菜单中选择"内容"→"数据库路径"命令来变更存储数据库的文件夹。

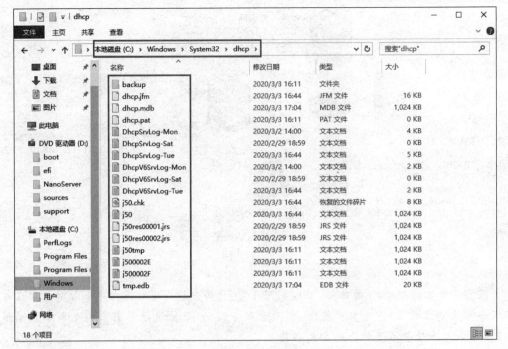

图 6-46　DHCP 数据库

1. 数据库的备份

可以对 DHCP 数据库进行备份，以便数据库有问题时利用它来修复。

- 自动备份。DHCP 服务默认会每隔 60 分钟就自动将 DHCP 数据库文件备份到图 6-46 中的 dhcp\backup\new 文件夹内。如果要更改此间隔时间，就修改 BackupInterval 注册表的设置值，它位于以下路径内：

```
HKEY_LOCAL_MACHINE\SYSTEM\CurrentControlSet\Services\DHCPServer\Parameters
```

- 手动备份。可以右击 DHCP 服务器后，在弹出的快捷菜单中选择"备份"命令手动将 DHCP 数据库文件备份到指定文件夹内。系统默认将其备份到％Systemroot％\System32\dhcp\backup 文件夹之下的 new 文件夹内。

注意：可以通过右击 DHCP 服务器后，在弹出的快捷菜单中选择"属性"→"备份路径"命令的方法来更改备份的默认路径。

2. 数据库的还原

数据库的还原也有以下两种方式。

- 自动还原。如果 DHCP 服务检查到数据库已损坏，就会自动修复数据库。它利用存储在％Systemroot％\System32\dhcp\backup\new 文件夹内的备份文件来还原数据库。DHCP 服务启动时会自动检查数据库是否损坏。

- 手动还原。可以右击 DHCP 服务器后，在弹出的快捷菜单中选择"还原"命令来手动还原 DHCP 数据库。

特别说明一下，即使数据库没有损坏，也可以要求 DHCP 服务在启动时修复数据库（将备份的数据库文件复制到 DHCP 文件夹内），方法是先将位于以下路径的注册表值 RestoreFlag 设置为 1，然后重新启动 DHCP 服务：

```
HKEY_LOCAL_MACHINE\SYSTEM\CurrentControlSet\Services\DHCPServer\Parameters
```

3. 作用域的协调

DHCP 服务器会将作用域内的 IP 地址租用详细信息存储在 DHCP 数据库内，同时也会将摘要信息存储到注册表中，如果 DHCP 数据库与注册表之间发生了不一致的情况，例如，IP 地址 192.168.10.120 已经出租给客户端 A，在 DHCP 数据库与注册表内也都记载了此租用信息，不过后来 DHCP 数据库因故损坏，而在利用备份数据库（这是旧的数据库）来还原数据库后，虽然注册表内记载着 IP 地址 192.168.10.120 已出租给客户端 A，但是还原的 DHCP 数据库内并没有此记录，此时可以执行协调（reconcile）操作，让系统根据注册表的内容更新 DHCP 数据库，之后就可以在 DHCP 控制台中看到这条租用数据记录。

要协调某个作用域时，请进行如下操作：右击该作用域，在弹出的快捷菜单中选择"协调"命令，然后单击"验证"按钮来协调此作用域；或右击 IPv4，在弹出的快捷菜单中选择"协调"命令，然后单击"验证"按钮来协调此服务器内的所有 IPv4 作用域，如图 6-47 所示。

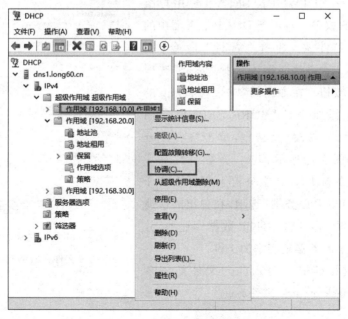

图 6-47　协调 DHCP 数据库

4. 将 DHCP 数据库移动到其他的服务器

当需要将现有的一台 Windows Server 网络操作系统的 DHCP 服务器删除，改由另外一台 Windows Server 网络操作系统的 DHCP 服务器来提供 DHCP 服务时，可以通过以下步骤将原来存储在旧 DHCP 服务器内的数据库移动到新 DHCP 服务器。

STEP 1 到旧 DHCP 服务器上打开 DHCP 控制台，右击"DHCP 服务器"选项，在弹出的快捷菜单中选择"备份"命令来备份 DHCP 数据库，假设是备份到 C:\DHCPBackup 文件夹内，其中包含着 new 子文件夹。

STEP 2 右击"DHCP 服务器"选项，在弹出的快捷菜单中选择"所有任务"→"停止"命令或执行 net stop dhcpserver 命令，将 DHCP 服务停止。此步骤可防止 DHCP 服务器继续出租 IP 地址给 DHCP 客户端。

STEP 3 单击左下角的"开始"菜单，在弹出的快捷菜单中选择"Windows 系统工具"→"服务"命令，双击 DHCP Server 选项，在启动类型处选择"禁用"选项。此步骤可避免 DHCP 服务器重新被启动。

STEP 4 将步骤 1 所备份的数据库文件复制到新的 DHCP 服务器内，假设是复制到 C:\DHCPBackup 文件夹内，其中包含 new 子文件夹。

STEP 5 如果新 DHCP 服务器尚未安装 DHCP 服务器角色，就打开"服务器管理器"窗口，单击"仪表板"处的"添加角色和功能"按钮来安装。

STEP 6 新 DHCP 服务器中的 DHCPBackup 文件夹需要赋予 NETWORK SERVICE 用户组"修改"的 NTFS 权限。右击新 DHCP 服务器中的 DHCPBackup 文件夹，选择"属性"命令，在"DHCPBackup 属性"对话框中选择"安全"选项卡，单击"编辑"按钮。在弹出的"DHCPBackup 的权限"对话框中添加"NETWORK SERVICE"用户组，并勾选允许"修改"复选框，单击"应用"→"确定"按钮，如图 6-48 所示。

STEP 7 在新 DHCP 服务器上打开 DHCP 控制台，右击"DHCP 服务器"选项，在弹出的快捷菜单中选择"还原"命令将 DHCP 数据库还原，并选择从旧 DHCP 服务器复制来的文件。

注意：请选择 C:\DHCPBackup 文件夹，而不是 C:\ DHCPBackup\new 文件夹。

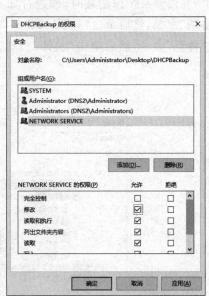

图 6-48 设置 NETWORK SERVICE 文件夹的 NTFS 权限

任务 6-11　监视 DHCP 服务器的运行

收集、查看与分析 DHCP 服务器的相关信息，可以帮助我们了解 DHCP 服务器的工作情况，找出效能瓶颈、问题所在，以便作为改善的参考。

1. 服务器的统计信息

可以查看整台服务器或某个作用域的统计信息。首先，启用 DHCP 统计信息的自动更新功能，选中 IPv4 选项，单击上方的"属性"图标，勾选"自动更新统计信息的时间间隔"复选框，设定自动更新间隔时间，单击"确定"按钮，如图 6-49 所示。

图 6-49　自动更新统计信息的时间间隔

接下来如果要查看整台 DHCP 服务器的统计信息，则可以在图 6-50 所示的窗口中右击 IPv4 选项，在弹出的快捷菜单中选择"显示统计信息"命令。

- 开始时间：DHCP 服务的启动时间。
- 正常运行时间：DHCP 服务已经持续运行的时间。
- 发现数：已收到的 DHCP Discover 数据包数量。
- 提供数：已发出的 DHCP Offer 数据包数量。
- 延迟提供：被延迟发出的 DHCP Offer 数据包数量。
- 请求数：已收到的 DHCP Request 数据包数量。
- 回答数：已发出的 DHCP ACK 数据包数量。

图 6-50　查看整台 DHCP 服务器的统计信息

- 未回答数：已发出的 DHCP NACK 数据包数量。
- 拒绝数：已收到的 DHCP Decline 数据包数量。
- 释放数：已收到的 DHCP Release 数据包数量。
- 作用域总计：DHCP 服务器内现有的作用域数量。
- 配置了延迟的范围：DHCP 服务器内设置了延迟响应客户端请求的作用域数量。
- 地址总计：DHCP 服务器可提供给客户端的 IP 地址总数。
- 使用中：DHCP 服务器内已出租的 IP 地址总数。
- 可用：DHCP 服务器内尚未出租的 IP 地址总数。

如果要查看某个作用域的统计信息，请右击该作用域后，选择"显示统计信息"命令。

2. DHCP 审核日志

DHCP 审核日志中记录着与 DHCP 服务有关的事件，如服务的启动与停止时间、服务器是否已被授权、IP 地址的出租/更新/释放/拒绝等信息。

系统默认已启用审核日志功能，如果要更改设置，请选中 IPv4 选项后右击，在弹出的快捷菜单中选择"属性"命令，再勾选或取消勾选"启用 DHCP 审核记录"复选框，如图 6-49 所示。日志文件默认是被存储到％Systemroot％\System32\dhcp 文件夹内的，其文件格式为 DhcpSrvLog-day.log，其中 day 为星期一到星期日的英文缩写，例如，星期六的文件名为 DhcpSrvLog-Sat.log，如图 6-51 所示。

如果要更改日志文件的存储位置，请右击 IPv4 选项后，在弹出的快捷菜单中选择"属性"命令，打开"IPv4 属性"对话框，通过"高级"选项卡处的审核日志文件路径来设置，如图 6-52 所示。

图 6-51　审核日志文件内容

图 6-52　审核日志文件路径

6.4 习　　题

一、填空题

1. DHCP 工作过程包括_____、_____、_____、_____ 4 种报文。

2. 如果 Windows 操作系统的 DHCP 客户端无法获得 IP 地址，将自动从 Microsoft 保留地址段_____中选择一个作为自己的地址。

3. 在 Windows Server 2019 的 DHCP 服务器中，根据不同的应用范围划分的不同级别的 DHCP 选项包括_____、_____、_____、_____。

4. 在 Windows Server 2019 环境下，使用_____命令可以查看 IP 地址配置，释放 IP 地址使用_____命令，续订 IP 地址使用_____命令。

5. 域环境中，_____服务器能够被授权，_____服务器不能被授权。

6. 通过策略为特定的客户端计算机分配不同的 IP 地址与选项时，可以通过 DHCP 客户端所发送的_____、_____来区分客户端计算机。

7. 当 DHCP 服务器上有多个作用域时，就可组成_____，作为单个实体来管理。

8. 为了平衡 DHCP 服务器的使用，较好的方法是使用_____规则划分两个 DHCP 服务器之间的作用域地址。

9. DHCP 服务器系统默认将数据库文件存储在_____文件夹内，其中最主要的是数据库文件_____。

10. DHCP 服务默认每隔_____分钟自动将数据库文件备份到_____文件夹内。

二、选择题

1. 在一个局域网中利用 DHCP 服务器为网络中的所有主机提供动态 IP 地址分配，DHCP 服务器的 IP 地址为 192.168.2.1/24，在服务器上创建一个作用域 192.168.2.11～200/24 并激活。在 DHCP 服务器选项中设置 003 为 192.168.2.254，在作用域选项中设置 003 为 192.168.2.253，则网络中租用到 IP 地址 192.168.2.20 的 DHCP 客户端所获得的默认网关地址应为（　　）。

    A. 192.168.2.1   B. 192.168.2.254

    C. 192.168.2.253   D. 192.168.2.20

2. DHCP 选项的设置中，不可以设置的是（　　）。

    A. DNS 服务器   B. DNS 域名

    C. WINS 服务器   D. 计算机名

3. 使用 Windows Server 2019 的 DHCP 服务器时，当客户机租约使用时间超过租约的 50% 时，客户机会向服务器发送（　　）数据包，以更新现有的地址租约。

    A. DHCPDISCOVER   B. DHCPOFFER

    C. DHCPREQUEST   D. DHCPIACK

4. 下列哪个命令是用来显示网络适配器的 DHCP 类别信息的？（　　）

A. ipconfig /all

B. ipconfig /release

C. ipconfig /renew

D. ipconfig /showclassid

三、简答题

1. 动态 IP 地址方案有什么优点和缺点？简述 DHCP 服务器的工作过程。

2. 如何配置 DHCP 作用域选项？如何备份与还原 DHCP 数据库？

四、案例分析

1. 某企业用户反映，他的一台计算机从人事部搬到财务部后就不能连接到 Internet 了。这是什么原因？应该怎么处理？

2. 学校因为计算机数量的增加，需要在 DHCP 服务器上添加一个新的作用域。可用户反映客户端计算机并不能从服务器获得新的作用域中的 IP 地址。可能是什么原因？如何处理？

6.5　项目实训　配置与管理 DHCP 服务器

一、实训目的

- 掌握 DHCP 服务器的配置方法。
- 掌握 DHCP 的用户类别的配置方法。
- 掌握测试 DHCP 服务器的方法。

配置与管理
DHCP 服务器

二、项目环境

本项目实训根据图 6-2 所示的环境来部署 DHCP 服务。

三、项目要求

（1）将 DHCP 服务器的 IP 地址池设为 192.168.20.10/24～192.168.20.200/24。

（2）将 IP 地址 192.168.20.104/24 预留给需要手动指定 TCP/IP 参数的服务器。

（3）将 IP 地址 192.168.20.100 用作保留地址。

（4）增加一台客户端 Client2，要使 Client1 客户端与 Client2 客户端自动获取的路由器和 DNS 服务器地址不同。

（5）完成"任务 6-7　配置超级作用域"的实例。注意 GW1 和 DNS1 可以用一台 Windows Server 2019 来替代。

四、做一做

读者独立完成项目实训，检查学习效果。

项目 7　配置与管理 Web 服务器

目前,大部分公司都有自己的网站,用来实现信息发布、资料查询、数据处理、网络办公、远程教育和视频点播等功能,还可以用来实现电子邮件服务。搭建网站要靠 Web 服务来实现,而在中小型网络中使用最多的网络操作系统是 Windows Server,因此微软公司的 IIS 系统提供的 Web 服务和 FTP 服务也成为使用最为广泛的服务。

本项目学习要点

- 学会安装与配置 IIS。
- 学会配置与管理 Web 站点。
- 学会创建 Web 站点和虚拟主机。
- 学会管理 Web 站点的目录。

7.1　项目基础知识

IIS 提供了基本服务,包括发布信息、传输文件、支持用户通信和更新这些服务所依赖的数据存储。

1. 万维网发布服务

通过将客户端 HTTP 请求连接到在 IIS 中运行的网站上,万维网发布服务向 IIS 最终用户提供 Web 发布。WWW 服务管理 IIS 的核心组件,这些组件处理 HTTP 请求并配置和管理 Web 应用程序。

互联网信息服务

2. 文件传输协议服务

通过文件传输协议(file transfer protocol,FTP)服务,IIS 提供对管理和处理文件的完全支持。该服务使用传输控制协议(transmission control protocol,TCP),从而确保了文件传输的完成和数据传输的准确性。该版本的 FTP 支持在站点级别上隔离用户,以帮助管理员保护其 Internet 站点的安全并使之商业化。

3. 简单邮件传输协议服务

通过简单邮件传输协议(simple mail transfer protocol,SMTP)服务,IIS 能够发送和接收电子邮件。例如,为确认用户提交表格成功,可以对服务器编程以自动发送邮件来响应事件。也可以使用 SMTP 服务接收来自网站客户反馈的消息。SMTP 不支持完整的电子邮件服务,要提供完整的电子邮件服务,可使用 Microsoft Exchange Server。

4. 网络新闻传输协议服务

可以使用网络新闻传输协议(network news transfer protocol,NNTP)服务主控单个计算机上的 NNTP 本地讨论组。因为该功能完全符合 NNTP,所以用户可以使用任何新闻阅读客户端程序加入新闻组进行讨论。

5. 管理服务

该项功能管理 IIS 配置数据库,并为 WWW 服务、FTP 服务、SMTP 服务和 NNTP 服务更新 Microsoft Windows 操作系统注册表。配置数据库用来保存 IIS 的各种配置参数。IIS 管理服务对其他应用程序公开配置数据库,这些应用程序包括 IIS 核心组件、在 IIS 上建立的应用程序以及独立于 IIS 的第三方应用程序(如管理或监视工具)。

7.2 项目设计与准备

在架设 Web 服务器之前,读者需要了解本任务实例部署的需求和实验环境。

1. 部署需求

在部署 Web 服务前需满足以下要求。

- 设置 Web 服务器的 TCP/IP 属性,手动指定 IP 地址、子网掩码、默认网关和 DNS 服务器的 IP 地址等。
- 部署域环境,域名为 long60.cn。

2. 部署环境

本节任务所有实例都部署在一个域环境下,域名为 long60.cn。其中 Web 服务器主机名为 DNS1,其本身也是域控制器和 DNS 服务器,IP 地址为 192.168.10.1。Web 客户端主机若干,分别命名为 WIN10-1 和 WIN10-2,客户端主机安装 Windows 10 操作系统,IP 地址分别为 192.168.10.210 和 192.168.10.220。网络拓扑图如图 7-1 所示。

图 7-1 架设 Web 服务器网络拓扑图

7.3　项目实施

任务 7-1　安装 Web 服务器（IIS）角色

在计算机 DNSI 上的"服务器管理器"窗口中安装 Web 服务器（IIS）角色，具体步骤如下。

STEP 1　选择"开始"→"服务器管理器"→"仪表板"→"添加角色和功能"命令，在弹出的对话框中持续单击"下一步"按钮，直到出现图 7-2 所示的"选择服务器角色"对话框，勾选"Web 服务器（IIS）"复选框。

STEP 2　在"角色服务"中全部选中"安全性"复选框，全部选中"常见 HTTP 功能"复选框，同时勾选"FTP 服务器"复选框，如图 7-3 所示。

图 7-2　"选择服务器角色"对话框

提示：如果在前面安装某些角色时安装了功能和部分 Web 角色，界面将稍有不同，这时请注意勾选"FTP 服务器""安全性"和"常见 HTTP 功能"复选框。

STEP 3　持续单击"下一步"按钮，直到出现"安装"按钮。单击"安装"按钮，开始安装 Web 服务器。安装完成后，显示"安装结果"窗口，单击"关闭"按钮完成安装。

提示：在此将"FTP 服务器"复选框选中，在安装 Web 服务器的同时，也安装了 FTP 服务器。建议将"角色服务"的全部选项都安装上，特别是身份验证方式。如果"角色服务"安装不完全，后面做有关"网站安全"的实训时会有部分功能不能使用。

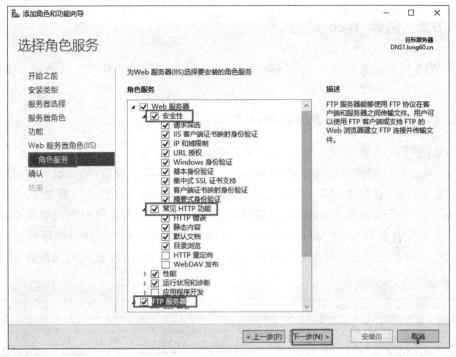

图 7-3　"选择角色服务"对话框

安装完 IIS 以后，还应对该 Web 服务器进行测试，以检测网站是否正确安装并运行。在局域网中的一台计算机(本例为 WIN10-1)上，打开浏览器使用以下 2 种地址格式进行测试。

- DNS 域名地址（延续前面的 DNS 设置）：http://DNS1.long60.cn/。
- IP 地址：http://192.168.10.1/。

如果 IIS 安装成功，则会在 IE 浏览器中显示图 7-4 所示的网页。如果没有显示出该网页，则检查 IIS 是否出现问题或重新启动 IIS 服务，也可以删除 IIS 重新安装。

图 7-4　IIS 安装成功

任务 7-2　创建 Web 站点

在 Web 服务器上创建一个新网站 Web，使用户在客户端计算机上能通过 IP 地址和域名进行访问。

1. 创建使用 IP 地址访问的 Web 站点

创建使用 IP 地址访问的 Web 站点的具体步骤如下。

（1）停止默认网站（Default Web Site）。以域管理员账户登录 Web 服务器，选择"开始"→"Windows 管理工具"→"Internet Information Services（IIS）管理器"命令，打开"Internet Information Services（CIIS）管理器"控制台。在控制台树中依次展开服务器和"网站"节点。右击 Default Web Site 选项，在弹出的快捷菜单中选择"管理网站"→"停止"命令，即可停止正在运行的默认网站，如图 7-5 所示。停止后，默认网站的状态显示为"已停止"。

图 7-5　停止默认网站

（2）准备 Web 站点内容。在 C 盘上创建文件夹"C:\Web"作为网站的主目录，并在该文件夹中存放网页 index.htm 作为网站的首页，网站首页可以用记事本或 Dreamweaver 软件编写。

（3）创建 Web 站点。

STEP 1　在"Internet Information Services（IIS）管理器"控制台树中展开服务器节点，右击"网站"选项，在弹出的菜单中选择"添加网站"命令，打开"添加网站"对话框。在该对话框中可以指定网站名称、应用程序池、网站内容目录、传递身份验证、网站类型、IP 地址、端口号、主机名以及是否启动网站。在此设置网站名称为 Test Web，物理路径为

C:\Web,类型为 http,IP 地址为 192.168.10.1,默认端口号为 80,如图 7-6 所示。单击"确定"按钮,完成 Web 站点的创建。

图 7-6　"添加网站"对话框

STEP 2 返回"Internet Information Services(IIS)管理器"控制台,可以看到刚才创建的网站已经启动,如图 7-7 所示。

图 7-7　"Internet Information Services(IIS)管理器"控制台

225

STEP 3 用户在客户端计算机 WIN10-1 上打开浏览器，输入 http://192.168.10.1，就可以访问刚才建立的网站了。

注意：在图 7-7 所示的窗口中，双击右侧窗格中的"默认文档"，打开图 7-8 所示的"默认文档"窗口，可以对默认文档进行添加、删除及更改顺序的操作。

图 7-8　设置默认文档

默认文档是指在 Web 浏览器中输入 Web 站点的 IP 地址或域名即显示出来的 Web 页面，也就是通常所说的主页（home page）。IIS 8.0 默认文档的文件名有 5 种，分别为 Default.htm、Default.asp、index.htm、index.html 和 iisstar.htm。这也是一般网站中最常用的主页名。如果 Web 站点无法找到这 5 个文件中的任何一个，那么将在 Web 浏览器上显示"该页无法显示"的提示。默认文档既可以是一个，也可以是多个。当设置多个默认文档时，IIS 将按照排列的前后顺序依次调用这些文档。当第一个文档存在时，将直接把它显示在用户的浏览器上，而不再调用后面的文档；第一个文档不存在时，将第二个文件显示给用户，以此类推。

思考与实践：由于本例首页文件名为 index.htm，所以在客户端直接输入 IP 地址即可浏览网站。如果网站首页的文件名不在列出的 5 个默认文档中，该如何处理？请读者试着做一下。

2. 创建使用域名访问的 Web 站点

创建用域名 www.long60.cn 访问的 Web 站点，具体步骤如下。

STEP 1 在 DNS1 上打开"DNS 管理器"控制台，依次展开服务器和"正向查找区域"节点，单击区域 long60.cn。

STEP 2 创建别名记录。右击区域 long60.cn，在弹出的快捷菜单中选择"新建别名"命令，出现"新建资源记录"对话框。在"别名"文本框中输入 www，在"目标主机的完全合格的域名（FQDN）"文本框中输入 DNS1.long60.cn，或者单击"浏览"按钮，查找 DNS1 的 FQDN 并选中。

STEP 3　单击"确定"按钮，别名创建完成。

STEP 4　用户在客户端计算机 WIN10-1 上打开浏览器，输入 http://www.long60.cn，就可以访问刚才建立的网站了。

注意：保证客户端计算机 WIN10-1 的 DNS 服务器的地址是 192.168.10.1。

任务 7-3　管理 Web 站点的目录

在 Web 站点中，Web 内容文件都会保存在一个或多个目录树下，包括 HTML 内容文件、Web 应用程序和数据库等，甚至有的会保存在多个计算机上的多个目录中。因此，为了使其他目录中的内容和信息也能够通过 Web 站点发布，可通过创建虚拟目录来实现。当然，也可以在物理目录下直接创建目录来管理内容。

1. 虚拟目录与物理目录

在 Internet 上浏览网页时，经常会看到一个网站下面有许多子目录，这就是虚拟目录。虚拟目录只是一个文件夹，并不一定位于主目录内，但在浏览 Web 站点的用户看来就像位于主目录中一样。

对于任何一个网站，都需要使用目录来保存文件，即将所有的网页及相关文件都存放到网站的主目录之下，也就是在主目录之下建立文件夹，然后将文件放到这些子文件夹内，这些文件夹也称物理目录。也可以将文件保存到其他物理文件夹内，如本地计算机或其他计算机内，然后通过虚拟目录映射到这个文件夹，每个虚拟目录都有一个别名。虚拟目录的好处是在不需要改变别名的情况下，可以随时改变其对应的文件夹。

在 Web 站点中，默认发布主目录中的内容。但如果要发布其他物理目录中的内容，就需要创建虚拟目录。虚拟目录也就是网站的子目录，每个网站都可能会有多个子目录，不同的子目录内容不同，在磁盘中会用不同的文件夹来存放不同的文件。例如，使用 BBS 文件夹存放论坛程序，用 image 文件夹存放网站图片等。

2. 创建虚拟目录

在 www.long60.cn 对应的网站上创建一个名为 BBS 的虚拟目录，其路径为本地磁盘中的 C:\MY_BBS 文件夹，该文件夹下有个文档 index.htm。具体创建过程如下。

STEP 1　以域管理员身份登录 DNS1。在 IIS 管理器中，展开左侧的"网站"目录树，选择要创建虚拟目录的网站 Test Web，右击，在弹出的快捷菜单中选择"添加虚拟目录"命令，显示虚拟目录创建向导。利用该向导便可为该虚拟网站创建不同的虚拟目录。

STEP 2　在"别名"文本框中设置该虚拟目录的别名，本例为 bbs，用户用该别名来连接虚拟目录。该别名必须唯一，不能与其他网站或虚拟目录重名。在"物理路径"文本框中输入该虚拟目录的文件夹路径，或单击"浏览"按钮选择，本例为 C:\MY_BBS。这里既可以使用本地计算机上的路径，也可以使用网络中的文件夹路径。设置完成后的界面如图 7-9 所示。

图 7-9　添加虚拟目录

STEP 3 用户在客户端计算机 WIN10-1 上打开浏览器，输入 http://www.long60.cn/BBS，就可以访问 C:\MY_BBS 中的默认网站。

任务 7-4　架设多个 Web 站点

使用 IIS 8.0 的虚拟主机技术，通过分配 TCP 端口、IP 地址和主机头名，可以在一台服务器上建立多个虚拟 Web 站点。每个网站都具有唯一的，由端口号、IP 地址和主机头名 3 部分组成的网站标识，用来接收来自客户端的请求。不同的 Web 站点可以提供不同的 Web 服务，而且每一个虚拟主机和一台独立的主机完全一样。这种方式适用于企业或组织需要创建多个网站的情况，可以降低成本。

架设多个 Web 站点可以通过以下 3 种方式。

- 使用不同 IP 地址架设多个 Web 站点。
- 使用不同端口号架设多个 Web 站点。
- 使用不同主机头名架设多个 Web 站点。

在创建一个 Web 站点时，要根据企业本身现有的条件，如投资的多少、IP 地址的多少、网站性能的要求等，选择不同的虚拟主机技术。

1. 使用不同端口号架设多个 Web 站点

利用一个 IP 地址，使用不同的端口号也可以达到架设多个网站的目的。

其实，用户访问所有的网站都需要使用相应的 TCP 端口。不过，Web 服务器默认的 TCP 端口为 80，在用户访问时不需要输入；但如果网站的 TCP 端口不为 80，在输入网址时就必须添加上端口号。利用 Web 服务的这个特点,可以架设多个网站,每个网站均使用不同的端口号。使用这种方式创建的网站,其域名或 IP 地址部分完全相同,仅端口号不同。用户在使用网址访问时,必须添加相应的端口号。

在同一台 Web 服务器上使用同一个 IP 地址、两个不同的端口号(80、8080)创建两个网站,具体步骤如下。

(1) 新建第 2 个 Web 站点。

STEP 1　以域管理员账户登录到 Web 服务器 DNS1 上。

STEP 2　在"Internet Informetion Services(IIS)管理器"控制台中创建第 2 个 Web 站点,名称为 Web8080,目录物理路径为 C:\Web2,IP 地址为 192.168.10.1,端口号为 8080,如图 7-10 所示。

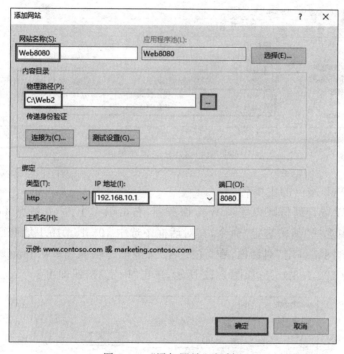

图 7-10　"添加网站"对话框

(2) 在客户端上访问两个网站。在 WIN10-1 上打开 IE 浏览器,分别输入 http://192.168.10.1 和 http://192.168.10.1:8080,这时会发现打开了两个不同的网站 Test Web 和 Web8080。

提示:如果在访问 Web2 时出现不能访问的情况,请检查防火墙,最好将全部防火墙(包括域的防火墙)关闭。后面类似问题不再说明。本例中也可以使用防火墙设置中的高级设置定义入站规则为允许 8080 端口通过。

2. 使用不同主机头名架设多个 Web 站点

使用 www.long60.cn 访问第 1 个 Web 站点 Test Web,使用 www1.long60.cn 访问第

229

2个Web站点Web8080。具体步骤如下。

（1）在区域long60.cn上创建别名记录。

STEP 1 以域管理员账户登录到Web服务器DNS1上。

STEP 2 打开"DNS管理器"控制台，依次展开服务器和"正向查找区域"节点，单击区域long60.cn。

STEP 3 创建别名记录。右击区域long60.cn，在弹出的快捷菜单中选择"新建别名"命令，出现"新建资源记录"对话框。在"别名"文本框中输入www1，在"目标主机的完全合格的域名（FQDN）"文本框中输入DNS1.long60.cn。

STEP 4 单击"确定"按钮，别名创建完成，如图7-11所示。

图7-11　DNS配置结果

（2）设置Web站点的主机名。

STEP 1 以域管理员账户登录Web服务器，右击第1个Web站点Test Web，在弹出的快捷菜单中选择"编辑绑定"命令，在对话框中选中192.168.10.1地址行，单击"编辑"按钮，打开"编辑网站绑定"对话框，在"主机名"文本框中输入www.long60.cn，端口设为80，IP地址设为192.168.10.1，如图7-12所示，单击"确定"按钮即可。

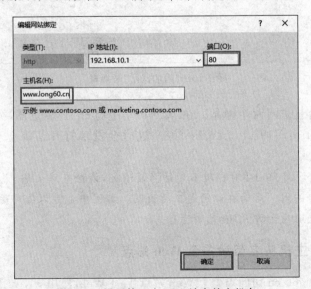

图7-12　设置第1个Web站点的主机名

STEP 2 右击第 2 个 Web 站点 Web8080,在弹出的快捷菜单中选择"编辑绑定"命令,在对话框中选中 192.168.10.1 地址行,单击"编辑"按钮,打开"编辑网站绑定"对话框,在"主机名"文本框中输入 www1.long60.cn,端口设为 80,IP 地址设为 192.168.10.1,如图 7-13 所示,单击"确定"按钮即可。

图 7-13　设置第 2 个 Web 站点的主机名

（3）在客户端上访问两个网站。在 WIN10-1 上保证 DNS 首要地址是 192.168.10.1。打开 IE 浏览器,分别输入 http://www.long60.cn 和 http://www1.long60.cn,这时会发现打开了两个不同的网站 Test Web 和 Web8080。

3. 使用不同的 IP 地址架设多个 Web 站点

如果要在一台 Web 服务器上创建多个网站,为了使每个网站域名都能对应于独立的 IP 地址,一般都使用多个 IP 地址来实现。这种方案称为 IP 虚拟主机技术,也是比较传统的解决方案。当然,为了使用户在浏览器中可使用不同的域名来访问不同的 Web 站点,必须将主机名及其对应的 IP 地址添加到域名解析系统(DNS)中。如果使用此方法在 Internet 上维护多个网站,也需要通过 InterNIC 注册域名。

要使用多个 IP 地址架设多个网站,首先需要在一台服务器上绑定多个 IP 地址。而 Windows Server 网络操作系统支持在一台服务器上安装多块网卡,一张网卡可以绑定多个 IP 地址,再将这些 IP 地址分配给不同的虚拟网站,就可以达到一台服务器利用多个 IP 地址来架设多个 Web 站点的目的。例如,要在一台服务器上创建 Linux.long60.cn 和 Windows.long60.cn 两个网站,对应的 IP 地址分别为 192.168.10.1 和 192.168.10.5,需要在服务器中添加这两个地址,步骤如下。

231

（1）在 DNS1 上再添加第 2 个 IP 地址。

STEP 1 以域管理员账户登录 Web 服务器，右击桌面右下角任务托盘区域的网络连接图标，选择快捷菜单中的"打开网络和共享中心"命令，打开"网络和共享中心"窗口。

STEP 2 单击"本地连接"，打开"本地连接状态"对话框。

STEP 3 单击"属性"按钮，显示"本地连接属性"对话框。Windows Server 2019 中包含 IPv6 和 IPv4 两个版本的 Internet 协议，并且默认都已启用。

STEP 4 在"此连接使用下列项目"选项框中选择"Internet 协议版本 4（TCP/IP）"，单击"属性"按钮，显示"Internet 协议版本 4（TCP/IPv4）属性"对话框。单击"高级"按钮，打开"高级 TCP/IP 设置"对话框。

STEP 5 单击"添加"按钮，在 TCP/IP 对话框中输入 IP 地址 192.168.10.5，子网掩码为 255.255.255.0。单击"确定"按钮，完成设置，如图 7-14 所示。

图 7-14 "高级 TCP/IP 设置"对话框

（2）更改第 2 个网站的 IP 地址和端口号。以域管理员账户登录 Web 服务器。右击第 2 个 Web 站点 Web8080，在弹出的快捷菜单中选择"编辑绑定"命令，在对话框中选中192.168.10.1 地址行，单击"编辑"按钮，打开"编辑网站绑定"对话框，在"主机名"文本框中不输入内容（清空原有内容），端口设为 80，IP 地址设为 192.168.10.5，如图 7-15 所示，最后单击"确定"按钮即可。

（3）在客户端上进行测试。在 WIN10-1 上打开 IE 浏览器，分别输入 http://192.168.10.1 和 http://192.168.10.5，这时会发现打开了两个不同的网站 Test Web 和Web8080。

图 7-15 "编辑网站绑定"对话框

7.4 习　　题

一、填空题

1. 微软公司 Windows Server 2019 家族的互联网信息服务在_____、_____或_____上提供了集成、可靠、可伸缩、安全和可管理的 Web 服务器功能,是为动态网络应用程序创建强大的通信平台的工具。

2. Web 中的目录分为两种类型:_____和_____。

二、简答题

1. 简述架设多个 Web 站点的方法。
2. IIS 8.0 提供的服务有哪些?
3. 什么是虚拟主机?

7.5 项目实训　配置与管理 Web 服务器

一、实训目的

掌握 Web 服务器的配置方法。

二、项目环境

本项目实训根据图 7-1 所示的环境来部署 Web 服务器。

三、项目要求

根据网络拓扑图(见图 7-1),完成如下任务。

配置与管理
Web 服务器

233

（1）安装 Web 服务器。

（2）创建 Web 站点。

（3）管理 Web 站点目录。

（4）管理 Web 站点的安全。

（5）管理 Web 站点的日志。

（6）架设多个 Web 站点。

四、做一做

根据项目实训视频进行项目的实训，检查学习效果。

项目 8 配置与管理 FTP 服务器

文件传输协议(file transfer protocol,FTP)是用来在两台计算机之间传输文件的通信协议,这两台计算机的一台是 FTP 服务器,另一台是 FTP 客户端。FTP 客户端可以从 FTP 服务器上下载文件,也可以将文件上传到 FTP 服务器。

本项目学习要点

- FTP 概述。
- 安装 FTP 服务器。
- 创建虚拟目录。
- 创建虚拟机。
- 配置与使用客户端。
- 在配置域环境下隔离 FTP 服务器。

8.1 项目基础知识

以 HTTP 为基础的 WWW 服务功能虽然强大,但对文件传输来说却略显不足。一种专门用于文件传输的服务——FTP 服务应运而生。

FTP 服务就是文件传输服务,它具备更强的文件传输可靠性和更高的效率。

8.1.1 FTP 工作原理

FTP 大大简化了文件传输的复杂性,它能够使文件通过网络从一台主机传送到另一台计算机上却不受计算机和操作系统类型的限制。无论是 PC、服务器、大型机,还是 iOS、Linux、Windows 操作系统,只要双方都支持 FTP,就可以方便、可靠地传送文件。

FTP 服务的具体工作过程如图 8-1 所示。

(1)客户端向服务器发出连接请求,同时客户端系统动态地打开一个大于 1024 的端口(如 1031 端口)等候服务器连接。

(2)若 FTP 服务器在端口 21 侦听到该请求,则会在客户端的 1031 端口和服务器的 21 端口之间建立起一个 FTP 会话连接。

(3)当需要传输数据时,FTP 客户端再动态地打开一个大于 1024 的端口(如 1032 端口)连接到服务器的 20 端口,并在这两个端口之间传输数据。当数据传输完毕,这两个端

FTP 基础知识

图 8-1　FTP 服务的具体工作过程

口（1032 和 20 端口）会自动关闭。

（4）客户端的 1031 端口和服务器的 21 端口之间的会话连接继续保持，等待接受其他客户进程发起的请求。

（5）当 FTP 客户端断开与 FTP 服务器的连接时，客户端上动态分配的端口将自动释放。

8.1.2　匿名用户

FTP 服务不同于 WWW，它首先要求登录到服务器上，然后传输文件，这对很多公开提供软件下载的服务器来说十分不便，于是匿名用户访问就诞生了。通过使用一个共同的用户名 anonymous、密码不限的管理策略（一般使用用户的邮箱作为密码即可），任何用户都可以很方便地从这些服务器上下载软件。

8.2　项目设计与准备

在架设 FTP 服务器之前，需要了解本任务实例的部署需求和实验环境。

1. 部署需求

在部署 FTP 服务前需满足以下要求。

- 设置 FTP 服务器的 TCP/IP 属性,手动指定 IP 地址、子网掩码、默认网关和 DNS 服务器 IP 地址等。
- 部署域环境,域名为 long60.cn。

2. 部署环境

本项目中的所有实例都部署在一个域环境下,域名为 long60.cn。其中 FTP 服务器主机名为 DNS1,其本身也是域控制器和 DNS 服务器,IP 地址为 192.168.10.1 和 192.168.10.5。FTP 客户端主机若干,分别名为 WIN8-1 和 WIN8-2,客户端主机安装 Windows 10 操作系统,IP 地址分别为 192.168.10.30 和 192.168.10.40。网络拓扑图如图 8-2 所示。

图 8-2 架设 FTP 服务器网络拓扑图

8.3 项 目 实 施

任务 8-1 创建和访问 FTP 站点

在计算机 DNS1 上的"服务器管理器"窗口中安装 Web 服务器(IIS)角色,同时安装 FTP 服务器。

在 FTP 服务器上创建一个新网站 Test FTP,使用户在客户端计算机上能通过 IP 地址和域名进行访问。

1. 创建使用 IP 地址访问的 FTP 站点

创建使用 IP 地址访问的 FTP 站点的具体步骤如下。

(1) 准备 FTP 主目录。在 C 盘上创建文件夹 C:\ftp 作为 FTP 主目录,并在该文件夹内存放一个文件 test.txt,供用户在客户端计算机上下载和上传测试。

（2）创建 FTP 站点。

STEP 1 在"Internet Information Services（IIS）管理器"控制台树中，右击服务器 DNS1，在弹出的快捷菜单中选择"添加 FTP 站点"命令，如图 8-3 所示，打开"添加 FTP 站点"对话框。

图 8-3 在 Internet Information Services（IIS）管理器中添加 FTP 站点

STEP 2 在"FTP 站点名称"文本框中输入 Test FTP，物理路径为 C:\ftp，如图 8-4 所示。

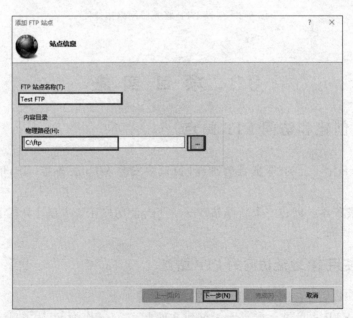

图 8-4 "添加 FTP 站点"对话框

STEP 3　单击"下一步"按钮,打开图 8-5 所示的"绑定和 SSL 设置"对话框,在"IP 地址"文本框中输入 192.168.10.1,端口为 21,在 SSL 选项区下面选中"无 SSL"单选按钮。

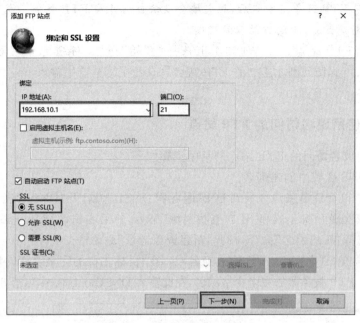

图 8-5　"绑定和 SSL 设置"对话框

STEP 4　单击"下一步"按钮,打开图 8-6 所示的"身份验证和授权信息"对话框,输入相应信息。本例允许匿名访问,也允许特定用户访问。最后重新启动 FTP 服务器(必须)。

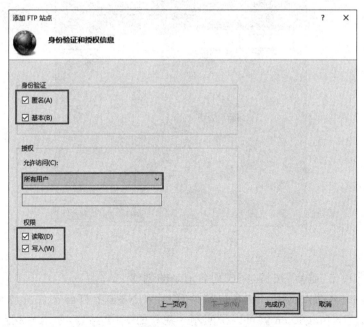

图 8-6　"身份验证和授权信息"对话框

注意：① 访问 FTP 服务器主目录的最终权限由此处的权限与用户对 FTP 主目录的 NTFS 权限共同作用，哪一个严格就采用哪一个。

② 安装完 FTP 服务器重启后，防火墙会默认自动开启 FTP 服务。也可以暂时关闭防火墙，或者新建开放 21 端口的入站规则。

（3）测试 FTP 站点。在 WIN8-1 上选择"开始"→"文件资源管理器"命令，输入 ftp://192.168.10.1，访问刚才建立的 FTP 站点。或者在浏览器中输入 ftp://192.168.10.1，也可以访问 Test FTP 网站。

2. 创建使用域名访问的 FTP 站点

创建使用域名访问的 FTP 站点的具体步骤如下。

（1）在 DNS 区域中创建别名。

STEP 1 以管理员账户登录到 DNS 服务器 DNS1 上，打开"DNS 管理器"控制台，在控制台树中依次展开服务器和"正向查找区域"节点，然后右击区域 long60.cn，在弹出的快捷菜单中选择"新建别名"命令，打开"新建资源记录"对话框。

STEP 2 在"别名"文本框中输入别名 ftp，在"目标主机的完全合格的域名（FQDN）"文本框中输入 FTP 服务器的完全合格域名，在此输入 DNS1.long60.cn，如图 8-7 所示。

图 8-7　新建别名记录

STEP 3 单击"确定"按钮，完成别名记录的创建。

（2）测试 FTP 站点。用户在客户端计算机 WIN8-1 上打开文件资源管理器或浏览器，输入 ftp://ftp.long60.cn 就可以访问刚才建立的 FTP 站点，如图 8-8 所示。

图 8-8　使用完全合格的域名(FQDN)访问 FTP 站点

任务 8-2　创建虚拟目录

使用虚拟目录可以在服务器硬盘上创建多个物理目录,或者引用其他计算机上的主目录,从而为不同上传或下载服务的用户提供不同的目录,并且可以为不同的目录分别设置不同的权限,如读取、写入等。使用 FTP 虚拟目录时。由于用户不知道文件的具体存储位置,所以文件存储更加安全。

在 FTP 站点上创建虚拟目录 xunimulu 的具体步骤如下。

(1) 准备虚拟目录内容。以管理员账户登录到 DNS 服务器 DNS1 上,创建文件夹 C:\xuni,作为 FTP 虚拟目录的主目录,在该文件夹下存入一个文件 test1.txt 供用户在客户端计算机上下载。

(2) 创建虚拟目录。

STEP 1 在"Internet Information Services(IIS)管理器"控制台树中依次展开服务器 DNS1 和"网站",右击刚才创建的站点 Test FTP,在弹出的快捷菜单中选择"添加虚拟目录"命令,打开"添加虚拟目录"对话框。

STEP 2 在"别名"文本框中输入 xunimulu,在"物理路径"文本框中输入 C:\xuni,如图 8-9 所示。

图 8-9　"添加虚拟目录"对话框

241

（3）测试 FTP 站点的虚拟目录。用户在客户端计算机 WIN8-1 上打开文件资源管理器和浏览器，输入 ftp://ftp.long60.cn/xunimulu 或者 ftp://192.168.10.1/xunimulu，就可以访问刚才建立的 FTP 站点的虚拟目录。

提示：在各种服务器的配置中，要时刻注意账户的 NTFS 权限，避免由于 NTFS 权限设置不当而无法完成相关配置，同时注意防火墙的影响。

任务 8-3　安全设置 FTP 服务器

FTP 服务的配置主要是站点的安全性设置，包括指定不同的授权用户，如允许不同权限的用户访问，允许来自不同 IP 地址的用户访问，或限制不同 IP 地址的不同用户的访问等。FTP 服务器也要设置 FTP 站点的主目录和性能等。

1. 设置 IP 地址和端口

STEP 1　在"Internet Information Services(IIS)管理器"控制台树中依次展开服务器 DNS1 和"网站"，选择 FTP 站点 Test FTP，然后单击操作列的"绑定"按钮，弹出"网站绑定"对话框，如图 8-10 所示。

图 8-10　"网站绑定"对话框

STEP 2　选择 ftp 条目后，单击"编辑"按钮，完成 IP 地址和端口号的更改，如改为 2121。

STEP 3　测试 FTP 站点。用户在客户端计算机 WIN8-1 上打开浏览器或资源管理器,输入 ftp://192.168.10.1:2121,就可以访问刚才建立的 FTP 站点了。

提示:如果访问不成功,一定是防火墙的原因。请参照设置防火墙的方法建立基于端口的入站规则,允许 TCP 端口 2121 通过防火墙。当然也可以关闭 DNS1 的防火墙。

STEP 4 为了继续完成后面的实训,测试完毕,请再将端口号改为默认值,即 21。

2. 其他配置

在"IIS 管理器"控制台树中依次展开 FTP 服务器,选择 FTP 站点 Test FTP。可以分别进行"FTP SSL 设置""FTP 当前会话""FTP 防火墙支持""FTP 目录浏览""FTP 请求筛选""FTP 日志""FTP 身份验证""FTP 授权规则""FTP 消息""FTP 用户隔离"等内容的设置或浏览,如图 8-11 所示。

图 8-11　"Test FTP 主页"窗口

在"操作"列中可以进行"浏览""编辑权限""绑定""基本设置""查看应用程序""查看虚拟目录""重新启动 FTP 站点""启动或停止 FTP 站点""高级设置"等操作。

任务 8-4　创建虚拟主机

1. 虚拟主机简介

一个 FTP 站点是由一个 IP 地址和一个端口号唯一标识的,改变其中任意一项均标识不同的 FTP 站点。但是在 FTP 服务器上,通过"Internet Information Services(IIS)管理器"控制台只能创建一个 FTP 站点。在实际应用环境中,有时需要在一台服务器上创建两个不同的 FTP 站点,这就涉及虚拟主机的问题。

在一台服务器上创建的两个 FTP 站点，默认只能启动其中一个站点，用户可以通过更改 IP 地址或端口号两种方法来解决这个问题。

可以使用多个 IP 地址和多个端口来创建多个 FTP 站点。尽管使用多个 IP 地址来创建多个站点是常见并且推荐的操作，但在默认情况下使用 FTP 时，客户端会调用端口21，这样情况会变得非常复杂。因此，如果要使用多个端口来创建多个 FTP 站点，就需要将新端口号通知用户，以便其 FTP 客户能够找到并连接到该端口。

2. 使用相同 IP 地址、不同端口号创建两个 FTP 站点

在同一台服务器上使用相同的 IP 地址、不同的端口号（21、2121）同时创建两个 FTP 站点 FTP2，具体步骤如下。

STEP 1　以域管理员账户登录 FTP 服务器 DNS1，创建 C:\ftp2 文件夹作为第 2 个 FTP 站点的主目录，并在该文件夹内放入一些文件。

STEP 2　接着创建第 2 个 FTP 站点，站点的创建可参见"任务 8-1 创建和访问 FTP 站点"的相关内容，只是端口要设为 2121。

STEP 3　测试 FTP 站点。用户在客户端计算机 WIN8-1 上打开文件资源管理器或浏览器，输入 ftp://192.168.10.1:2121，就可以访问刚才建立的第 2 个 FTP 站点。

3. 使用两个不同的 IP 地址创建两个 FTP 站点

在同一台服务器上用相同的端口号、不同的 IP 地址（192.168.10.1、192.168.10.5）同时创建两个 FTP 站点，具体步骤如下。

（1）设置 FTP 服务器网卡的两个 IP 地址。前面已在 DNS1 上设置了两个 IP 地址，即 192.168.10.1、192.168.10.5，此处不再赘述。

（2）更改第 2 个 FTP 站点的 IP 地址和端口号。

STEP 1　在"Internet Information Services(IIS)管理器"控制台树中依次展开 FTP 服务器，选择 FTP 站点 FTP2。然后单击"操作"列的"绑定"按钮，弹出"编辑网站绑定"对话框。

STEP 2　选择 ftp 类型后，单击"编辑"按钮，将 IP 地址改为 192.168.10.5，端口改为21，如图 8-12 所示。

图 8-12　"编辑网站绑定"对话框

STEP 3 单击"确定"按钮完成更改。

STEP 4 选择"开始"→"控制面板"→"系统和安全"→"Windows Defender 防火墙"→"启用或关闭 Windows Defender 防火墙"命令,关闭所有防火墙。

试一试：选择"开始"→"控制面板"→"系统和安全"→"Windows Defender 防火墙"→"高级设置"命令,新建基于端口的"入站规则",允许 TCP 2121 端口通过防火墙。

（3）测试 FTP 的第 2 个站点。在 WIN8-1 上打开浏览器,输入 ftp://192.168.10.5,访问刚才建立的第 2 个 FTP 站点。

任务 8-5　实现 AD 环境下多用户隔离 FTP

1. 任务需求

未名公司已经搭建好域环境,业务组因业务需求,需要在服务器上存储相关业务数据,但是业务组希望各用户目录相互隔离（仅允许访问自己的目录而无法访问他人的目录）,每一个业务员允许使用的 FTP 空间大小为 100MB。为此,公司决定通过 AD 中的 FTP 隔离来实现此应用。

建立基于域的隔离用户 FTP 站点和使用磁盘配额技术可以实现本任务。在实现本任务前,请将前面所做的 FTP 站点删除或停止,以避免影响本实训。

2. 创建业务部 OU 及用户

域用户登录到 FTP 站点时,FTP 站点需要从 Active Directory 数据库中读取该登录用户的 msIIS-FTPRoot 与 msIIS-FTPDir 属性,以便得知其主目录的位置。不过 FTP 站点需要提供有效的用户账户和密码,才可以读取这两个属性：我们将建立一个域用户账户 sales_master,并让此账户有权限读取登录用户的这两个属性,然后设置让 FTP 站点通过此账户来读取登录用户的这两个属性。

STEP 1 在 DNS1 中新建一个名为 sales 的 OU,在 sales 中新建用户,用户名分别为 salesuser1、salesuser2、sales_master,用户密码为 P@ssw0rd,建立账户时取消勾选"用户下次登录时须更改密码"选项,同时勾选"用户不能更改密码"选项。

STEP 2 右击 sales 选项,单击"委派控制"命令,接着单击"下一步"→"添加"按钮,添加 sales_master 用户,如图 8-13 所示。选择"读取所有用户信息"复选项,如图 8-14 所示。

STEP 3 单击"下一步"→"完成"按钮。这样就委派了 sales_master 用户对 sales OU 有读取所有用户信息的权限（sales_master 为 FTP 的服务账号）。

3. FTP 服务器配置

STEP 1 仍使用 long60\administrator 登录 FTP 服务器 DNS1（该服务器集域控制器、DNS 服务器和 FTP 服务器于一身,在真实环境中可能需要单独的 FTP 服务器）。FTP 服务器角色和功能已经添加。

STEP 2 在 C 盘（或其他任意盘）建立主目录 FTP_sales,在 FTP_sales 中分别建立用户名对应的文件夹 salesuser1、salesuser2。为了测试方便，请事先在两个文件夹中新建一些文件或文件夹。如图 8-15 所示。

图 8-13　创建 OU 及用户

图 8-14　委派权限

图 8-15　新建文件夹

STEP 3　选择"服务器管理器"→"工具"→"Internet Information Server(IIS)管理器"命令,在弹出的对话框中右击"网站"选项,在弹出的快捷菜单中选择"添加 FTP 站点"命令,在弹出的"添加 FTP 站点"对话框中输入"FTP 站点名称"和选择"物理路径",如图 8-16 所示。

图 8-16　"站点信息"对话框

STEP 4　在"绑定和 SSL 设置"对话框中选择"绑定"的"IP 地址",在 SSL 中选中"无SSL"单选按钮,如图 8-17 所示。

STEP 5　在"身份验证和授权信息"对话框的"身份验证"中勾选"基本"复选框,在"允许访问"中选择"所有用户",勾选"权限"中的"读取"和"写入"复选框,单击"完成"按钮,如图 8-18 所示。

STEP 6　在"Internet Information Services(IIS)管理器"控制台的 FTP_sales 中单

图 8-17 "绑定和 SSL 设置"对话框

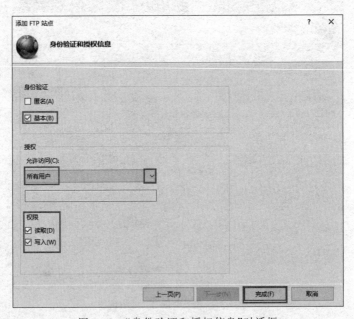

图 8-18 "身份验证和授权信息"对话框

击"FTP 用户隔离"按钮,如图 8-19 所示。

STEP 7 在"FTP 用户隔离"中选中"在 Active Directory 中配置的 FTP 主目录"单选按钮,单击"设置"按钮,添加用户 sales_master;再单击"应用"按钮,如图 8-20 所示。

STEP 8 选择 DNS1 的"服务器管理器"→"工具"→"ADSI 编辑器"→"操作"→"连接到"命令,单击"确定"按钮,如图 8-21 所示。

图 8-19 选择"FTP 用户隔离"

图 8-20 配置"FTP 用户隔离"

STEP 9 展开左子树,右击 sales OU 中的 salesuser1 用户,在弹出的快捷菜单中选择"属性"命令,在弹出的对话框中找到 msIIS-FTPDir,该选项设置用户对应的目录,将其修改为 salesuser1;msIIS-FTPRoot 用于设置用户对应的路径,将其设为 C:\FTP_sales,如图 8-22 所示。

注意:msIIS-FTPRoot 对应于用户的 FTP 根目录,msIIS-FTPDir 对应于用户的 FTP 主目录,用户的 FTP 主目录必须是 FTP 根目录的子目录。

STEP 10 使用同样的方式配置 salesuser2 用户。

图 8-21 "连接设置"对话框

图 8-22 修改隔离用户属性

4. 配置磁盘配额

在 DNS1 上打开"这台电脑"，在 C 盘上右击，在弹出的快捷菜单中选择"属性"命令，在弹出的"属性"对话框中单击"配额"选项卡，勾选"启用配额管理"和"拒绝将磁盘空间给超过配额限制的用户"复选框，并将"将磁盘空间限制为"设置成 100MB，将"将警告等级设为"设置成 90MB,勾选"用户超出配额限制时记录事件"和"用户超过警告等级时记录事件"复选框,然后依次单击"应用"→"确定"按钮,如图 8-23 所示。

图 8-23　启用磁盘"配额"

5. 测试验证

STEP 1　在 WIN8-1 的文件资源管理器中输入 ftp://192.168.10.1,使用 salesuser1 用户账号和密码登录 FTP 服务器,如图 8-24 所示。

图 8-24　在客户端访问 FTP 服务器

注意：必须使用 long60\salesuser1 或 salesuser1@long60.cn 登录。为了不受防火墙的影响，建议暂时关闭所有的防火墙。

STEP 2 在 WIN8-1 上使用 salesuser1 用户访问 FTP，并成功上传文件，如图 8-25 所示。

图 8-25 salesuser1 登录并成功上传文件

STEP 3 在空白处右击，选择"登录"命令，使用 salesuser2 用户访问 FTP 并成功上传文件，如图 8-26 所示。

图 8-26 salesuser2 登录并成功上传文件

STEP 4 当 salesuser2 用户上传文件超过 100MB 时，会提示上传出错。例如，将大于 100MB 的 Administrator 文件夹上传到 FTP 服务器时会上传出错，如图 8-27 所示。

图 8-27 提示上传出错

STEP 5 在 DNS1 上打开"这台电脑",在 C 盘上右击,在弹出的快捷菜单中选择"属性"命令,在弹出的"属性"对话框中单击"配额"选项卡,单击"配额项"按钮可以查看用户使用的空间,如图 8-28 所示。

图 8-28 查看"配额项"

8.4 习 题

一、填空题

1. FTP 服务就是_____服务,FTP 的英文全称是_____。

2. FTP 服务通过使用一个共同的用户名_____、密码不限的管理策略,让任何用户都可以很方便地从这些服务器上下载软件。

3. FTP 服务有两种工作模式:_____和_____。

4. FTP 命令的格式为_____。

5. 打开 FTP 服务器的命令是_____,浏览其下目录列表的命令是_____。如果匿名登录,在 User(ftp.long60.cn:(none))处输入匿名账户_____,在 Password 处输入_____,再直接按 Enter 键,即可登录 FTP 站点。

6. 比较著名的 FTP 客户端软件有_____、_____、_____等。

7. FTP 身份验证方法有两种:_____和_____。

二、选择题

1. 虚拟主机技术不能通过(   )架设网站。
   A. 计算机名　　　　B. TCP 端口　　　　C. IP 地址　　　　D. 主机头名

2. 虚拟目录不具备的特点是(   )。
   A. 便于扩展　　　　B. 增删灵活　　　　C. 易于配置　　　　D. 动态分配空间

3. FTP 服务使用的端口是(   )。
   A. 21　　　　　　　B. 23　　　　　　　C. 25　　　　　　　D. 53

4. 从 Internet 上获得软件最常采用(   )。
   A. WWW　　　　　B. Telnet　　　　　C. FTP　　　　　　D. DNS

三、判断题

1. 若 Web 站点中的信息非常敏感，为防中途被人截获，就可采用 SSL 加密方式。（　　）

2. IIS 提供了基本服务，包括发布信息，传输文件，支持用户通信和更新这些服务所依赖的数据存储。（　　）

3. 虚拟目录是一个文件夹，一定位于主目录内。（　　）

4. FTP 的全称是 file transfer protocol（文件传输协议），是用于传输文件的协议。（　　）

5. 当使用"用户隔离"模式时，所有用户的主目录都在单一 FTP 主目录下，每个用户均被限制在自己的主目录中，且用户名必须与相应的主目录匹配，不允许用户浏览除自己主目录之外的其他内容。（　　）

四、简答题

1. 非域的用户隔离和域用户隔离的主要区别是什么？

2. 能否使用不存在的域用户进行多用户配置？

3. 磁盘配额的作用是什么？

8.5　项目实训　配置与管理 FTP 服务器

一、实训目的

- 掌握 FTP 服务器的安装方法。
- 掌握 FTP 服务器的配置方法。
- 掌握 AD 隔离用户 FTP 服务器的配置方法。

配置与管理
FTP 服务器

二、项目环境

本项目实训根据图 8-2 所示的环境来部署 FTP 服务器。

三、项目要求

根据网络拓扑图（见图 8-2），完成如下任务。

（1）安装 FTP 服务器。

（2）创建和访问 FTP 站点。

（3）创建虚拟目录。

（4）安全设置 FTP 服务器。

（5）创建虚拟主机。

（6）配置与使用客户端。

（7）设置 AD 隔离用户 FTP 服务器，测试用户为 Jane 和 Mike。参见任务 8-5。

四、做一做

根据实训项目视频进行项目的实训，检查学习效果。

项目 9　配置与管理证书服务器

对于大型的计算机网络,数据的安全和管理的自动化历来都是人们追求的目标。特别是随着 Internet 的迅猛发展,在 Internet 上处理事务、交流信息和交易等越来越频繁,越来越多的重要数据要在网上传输,网络安全问题也更加被重视。尤其是在电子商务活动中,必须保证交易双方能够互相确认身份,安全地传输敏感信息,同时还要防止被人截获、篡改,或者假冒交易等。因此,如何保证重要数据不受到恶意的损坏,成为网络管理最关键的问题之一。而部署公开密钥基础架构(public key infrastructure,PKI),利用 PKI 提供的密钥体系来实现数字证书签发、身份认证、数据加密和数字签名等功能,可以确保电子邮件、电子商务交易、文件传送等各类数据传输的安全性。

本项目学习要点

- PKI 概述。
- 配置与管理证书。
- SSL 网站证书实例。

9.1　项目基础知识

9.1.1　PKI 概述

用户通过网络将数据发送给接收者时,可以利用 PKI 提供的以下 3 种功能来确保数据传输的安全性。

- 将传输的数据加密(encryption)。
- 接收者计算机会验证收到的数据是否是由发件人本人发送来的(authentication)。
- 接收者计算机还会确认数据的完整性(integrity),也就是检查数据在传输过程中是否被篡改。

PKI 根据公开密钥加密(public key cryptography)来提供上述功能,而用户需要拥有以下的一组密钥来支持这些功能。

- 公钥:用户的公钥(public key)可以公开给其他用户。
- 私钥:用户的私钥(private key)是该用户私有的,且存储在用户的计算机内,只有他能够访问。

用户需要通过向证书颁发机构(certification authority,CA)申请证书(certificate)的

方法来拥有与使用这一组密钥。

1. 公钥加密法

数据被加密后，必须经过解密才能读取数据的内容。PKI 使用公钥加密（public key encryption）机制来对数据进行加密与解密。发件人利用收件人的公钥将数据加密，而收件人利用自己的私钥将数据解密。例如，图 9-1 为用户 Bob 发送一封经过加密的电子邮件给用户 Alice 的流程。

图 9-1　发送一封经过加密的电子邮件

在图 9-1 中，Bob 必须先取得 Alice 的公钥，才可以利用此密钥来将电子邮件加密，而因为 Alice 的私钥只存储在她的计算机内，故只有她的计算机可以将此邮件解密，因此她可以正常读取此邮件。其他用户即使拦截这封邮件，也无法读取邮件的内容，因为他们没有 Alice 的私钥，无法将其解密。

注意：公钥加密体系使用公钥来加密，私钥来解密，此方法又称为非对称式（asymmetric）加密。另一种加密法是单密钥加密（secret key encryption），又称为对称式（symmetric）加密，其加密、解密都使用同一个密钥。

2. 公钥验证

发件人可以利用公钥验证（public key authentication）来将待发送的数据进行"数字签名"（digital signature），而收件人计算机在收到数据后，便能够通过此数字签名来验证数据是否确实是由发件人本人发出的，同时还会检查数据在传输的过程中是否被篡改。

发件人是利用自己的私钥对数据进行签名的，而收件人计算机会利用发件人的公钥来验证此份数据。例如，图 9-2 所示为用户 Bob 发送一封经过数字签名的电子邮件给用户 Alice 的流程。

图 9-2　发送一封经过数字签名的电子邮件

由于图 9-2 中的邮件经过 Bob 的私钥签名,而公钥与私钥是一对的,因此收件人 Alice 必须先取得发件人 Bob 的公钥后,才可以利用此密钥来验证这封邮件是否是由 Bob 本人发送过来的,并检查这封邮件是否被篡改。

数字签名是如何产生的? 又是如何用来验证用户身份的呢? 其流程如下。

STEP 1 发件人的电子邮件经过消息哈希算法(message hash algorithm)的运算处理后,产生一个消息摘要(message digest),它是一个数字指纹(digital fingerprint)。

STEP 2 发件人的电子邮件软件利用发件人的私钥将此消息摘要加密,所使用的加密方法为公钥加密算法(public key encryption algorithm),加密后的结果被称为数字签名。

STEP 3 发件人的电子邮件软件将原电子邮件与数字签名一并发送给收件人。

STEP 4 收件人的电子邮件软件会将收到的电子邮件与数字签名分开处理。

- 电子邮件重新经过消息哈希算法的运算处理后,产生一个新的消息摘要。
- 数字签名经过公钥加密算法的解密处理后,可得到发件人传来的原消息摘要。

STEP 5 新消息摘要与原消息摘要应该相同,否则表示这封电子邮件被篡改或是冒用发件人身份发来的。

3. 网站安全连接

安全套接层(secure sockets layer,SSL)是一个以 PKI 为基础的安全性通信协议,若要让网站拥有 SSL 安全连接功能,就需要为网站向证书颁发机构(CA)申请 SSL 证书(Web 服务器证书),证书内包含公钥、证书有效期限、发放此证书的 CA、CA 的数字签名等数据。

在网站拥有 SSL 证书之后,浏览器与网站之间就可以通过 SSL 安全连接来通信了,也就是将 URL 路径中的 http 改为 https,例如,若网站为 www.long60.cn,则浏览器是利用 https://www.long60.cn/ 来连接网站的。

以图 9-3 为例来说明浏览器与网站之间如何建立 SSL 安全连接。建立 SSL 安全连接时,会建立一个双方都同意的会话密钥(session Key),并利用此密钥来将双方所传送的数据加密、解密并确认数据是否被篡改。

客户端与服务器之间建立SSL安全连接的协商过程
(https://www.long60.cn)

图 9-3　浏览器与网站之间建立 SSL 安全连接

STEP 1 客户端浏览器利用 https://www.long60.cn 来连接网站时,客户端会先发出 client hello 信息给 Web 服务器。

STEP 2 Web 服务器会响应 server hello 信息给客户端,此信息内包含网站的证书信息(内含公钥)。

STEP 3 客户端浏览器与网站双方开始协商 SSL 连接的安全等级,例如,选择 40 或 128 位加密密钥。密钥位数越多,越难破解,数据越安全,但网站性能就越差。

STEP 4 浏览器根据双方同意的安全等级来创建会话密钥,利用网站的公钥将会话密钥加密,将加密过后的会话密钥发送给网站。

STEP 5 网站利用它自己的私钥来将会话密钥解密。

STEP 6 浏览器与网站双方相互之间传送的所有数据,都会利用这个会话密钥进行加密与解密。

9.1.2 证书颁发机构概述与根 CA 的安装

无论是电子邮件保护还是 SSL 网站安全连接,都需要申请证书才可以使用公钥与私钥来执行数据加密与身份验证的操作。证书就好像是汽车驾驶执照一样,必须拥有汽车驾驶执照(证书)才能开车(使用密钥)。而负责发放证书的机构被称为证书颁发机构。

用户或网站的公钥与私钥是如何产生的呢? 在申请证书时,需要输入姓名、地址与电子邮件地址等数据,这些数据会被发送到一个称为 CSP(cryptographic service provider)的程序,此程序已经被安装在申请者的计算机内或此计算机可以访问的设备内。

CSP 会自动创建一对密钥:一个公钥与一个私钥。CSP 会将私钥存储到申请者计算机的注册表(registry)中,然后将证书申请数据与公钥一并发送给 CA。CA 检查这些数据无误后,会利用 CA 自己的私钥对要发放的证书进行签名,然后发放此证书。申请者收到证书后,将证书安装到他的计算机内。

证书内包含了证书的颁发对象(用户或计算机)、证书有效期限、颁发此证书的 CA 与 CA 的数字签名(类似于汽车驾驶执照上的盖章),还有申请者的姓名、地址、电子邮件地址、公钥等数据。

注意:用户计算机若安装读卡设备,就可以利用智能卡来登录,不过也需要通过类似的程序来申请证书,CSP 会将私钥存储到智能卡内。

1. CA 的信任

在 PKI 架构下,当用户利用某 CA 发放的证书来发送一封经过签名的电子邮件时,收件人的计算机应该要信任(trust)由此 CA 发放的证书,否则收件人的计算机会将此电子邮件视为有问题的邮件。

又如,客户端利用浏览器连接 SSL 网站时,客户端计算机也必须信任发放 SSL 证书给此网站的 CA,否则客户端浏览器会显示警告信息。

系统默认已经自动信任一些知名商业 CA,而 Windows 10 操作系统的计算机可通过打开桌面版 Internet Explorer,单击"工具"菜单(若没有显示"工具"菜单,请按 Alt 键),

选择 Internet 选项,在"内容"选项卡中单击"证书"按钮,在"证书"对话框的"受信任的根证书颁发机构"选项卡中查看其已经信任的 CA,如图 9-4 所示。

图 9-4　受信任的根证书颁发机构

用户可以向上述商业 CA 申请证书,如 VeriSign,但若公司只是希望在各分公司、事业合作伙伴、供货商与客户之间能够安全地通过 Internet 传送数据,则不需要向上述商业 CA 申请证书,因为可以利用 Windows Server 2019 的 Active Directory 证书服务(active directory certificate services,AD CS)来自行配置 CA,然后利用此 CA 将证书发放给员工、客户与供货商等,并让他们的计算机信任此 CA。

2. AD CS 的 CA 种类

若使用 Windows Server 2019 的 Active Directory 证书服务(AD CS)来提供 CA 服务,则可以选择将此 CA 设置为以下角色之一。

- 企业根 CA(enterprise root CA)。它需要 Active Directory 域,可以将企业根 CA 安装到域控制器或成员服务器。它发放证书的对象仅限于域用户,当域用户申请证书时,企业根 CA 会从 Active Directory 中得知该用户的账户信息并据以决定该用户是否有权利申请所需证书。企业根 CA 主要应该用于发放证书给从属 CA,虽然企业根 CA 还可以发放保护电子邮件安全、网站 SSL 安全连接等证书,不过应该将发放这些证书的工作交给从属 CA 来负责。

- 企业从属 CA(enterprise subordinate CA)。企业从属 CA 也需要 Active Directory 域,企业从属 CA 适合用来发放保护电子邮件安全、网站 SSL 安全连接等证书。企业从属 CA 必须从其父 CA(如企业根 CA)取得证书之后,才会正常工作。企业从属 CA 也可以发放证书给下一层的从属 CA。

- 独立根 CA（standalone root CA）。独立根 CA 类似于企业根 CA，但不需要 Active Directory 域。扮演独立根 CA 角色的计算机可以是独立服务器、成员服务器或域控制器。无论是否为域用户，都可以向独立根 CA 申请证书。
- 独立从属 CA（standalone subordinate CA）。独立从属 CA 类似于企业从属 CA，但不需要 Active Directory 域。扮演独立从属 CA 角色的计算机可以是独立服务器、成员服务器或域控制器。无论是否为域用户，都可以向独立从属 CA 申请证书。

9.2　项目设计与准备

1. 项目设计

实现网站的 SSL 连接访问，拓扑图如图 9-5 所示。

角色：成员服务器、独立根CA
主机名：DNS2
IP地址：192.168.10.2/24
DNS：192.168.10.1
操作系统：Windows Server 2019

角色：域控制器&DNS服务器、Web服务器
主机名：DNS1
IP地址：192.168.10.1/24
DNS：192.168.10.1
操作系统：Windows Server 2019

角色：证书服务器客户端、Web客户端
主机名：WIN10-1
IP地址：192.168.10.210/24
DNS：192.168.10.1
操作系统：Windows 10

图 9-5　实现网站的 SSL 连接访问拓扑图

在部署 CA 服务前需满足以下要求。

- DNS1：域控制器、DNS 服务器、Web 服务器，也可以部署企业 CA，IP 地址为 192.168.10.1/24，首选 DNS 的 IP 地址为 192.168.10.1。
- DNS2：成员服务器（独立服务器也可以），部署独立根 CA，IP 地址为 192.168.10.2/24，首选 DNS 的 IP 地址为 192.168.10.1。
- WIN10-1：客户端（使用 Windows 10 操作系统），IP 地址为 192.168.10.210/24，首选 DNS 的 IP 地址为 192.168.10.1，Windows 10 计算机 WIN10-1 信任独立根 CA。

DNS1、DNS2、WIN10-1 可以是 VMware 的虚拟机，网络连接模式皆为 VMnet1。

2. 项目准备

只有为网站申请了 SSL 证书，网站才会具备 SSL 安全连接的能力。若网站要向 Internet 用户提供服务，需向商业 CA 申请证书，如 VeriSign；若网站只是向内部员工、企业合作伙伴提供服务，则可自行利用 Active Directory 证书服务（AD CS）来配置 CA，并向此 CA 申请证书。我们将利用 AD CS 来配置 CA，并通过以下步骤演示 SSL 网站的配

置过程。

（1）在 DNS2 上安装独立根 CA：DNS2-CA。可以在 DNS1 上安装企业 CA：long-DNS1-CA。

（2）在 Web 客户端计算机上创建证书申请文件。

（3）利用浏览器将证书申请文件发送给 CA，然后下载证书文件。

- 企业 CA：由于企业 CA 会自动发放证书，因此在将证书申请文件发送给 CA 后，就可以直接下载证书文件。
- 独立根 CA：独立根 CA 默认并不会自动发放证书，因此必须等 CA 管理员手动发放证书后，再利用浏览器来连接 CA 并下载证书文件。

（4）将 SSL 证书安装到 IIS 计算机，并将其绑定（binding）到网站，该网站便拥有 SSL 安全连接的能力。

（5）测试客户端浏览器与网站之间 SSL 的安全连接功能是否正常。

参照图 9-5 来练习 SSL 安全连接。

- 图 9-5 中要启用 SSL 的网站为计算机 DNS1 的 Web Test Site，其网址为 www.long60.cn，请先在此计算机上安装好 IIS 角色（提前做好）。
- DNS1 同时扮演 DNS 服务器角色，请安装好 DNS 服务器角色，并在其内建立正向查找区域 long60.cn。在该区域下建立别名记录 www 和 www1，分别对应 IP 地址为 192.168.10.1 和 192.168.10.2。
- 独立根 CA 安装在 DNS2 上，其名称为 DNS2-CA。
- 需要在 WIN10-1 计算机上利用浏览器来连接 SSL 网站。CA2（DNS2）与 WIN10-1 计算机需指定首选 DNS 服务器的 IP 地址为 192.168.10.1。

9.3 项 目 实 施

任务 9-1 安装证书服务并架设独立根 CA

在 DNS2 上安装证书服务并架设独立根 CA。

1. 安装证书服务器

STEP 1 利用 Administrators 组成员的身份登录图 9-5 中的 DNS2，安装 CA2。（若要安装企业根 CA，请利用域 Enterprise Admins 组成员的身份登录 DNS1，安装 CA。）

STEP 2 打开"服务器管理器"窗口，单击"仪表板"处的"添加角色和功能"按钮，持续单击"下一步"按钮，直到出现如图 9-6 所示的"选择服务器角色"窗口时勾选"Active Directory 证书服务"复选框，随后在弹出的对话框中单击"添加功能"按钮。（如果没安装 Web 服务器，在此一并安装。）

STEP 3 持续单击"下一步"按钮，直到出现如图 9-7 所示的界面，请确保勾选"证书

261

颁发机构"和"证书颁发机构 Web 注册"复选框，单击"安装"按钮，顺便安装 IIS 网站，以便让用户可以利用浏览器来申请证书。

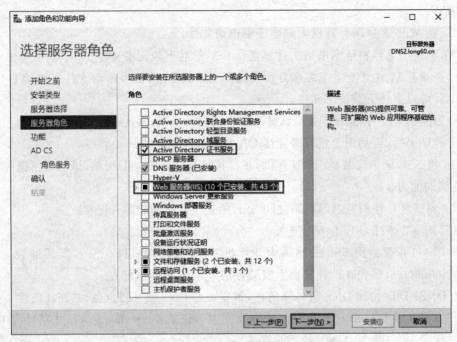

图 9-6　添加 AD CS 和 Web 服务器角色

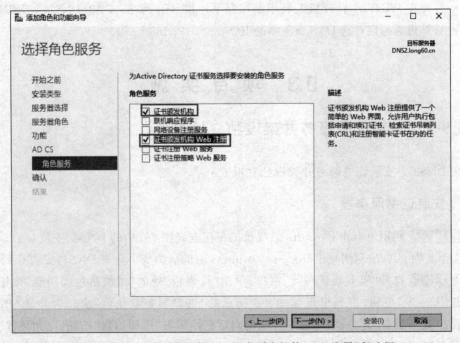

图 9-7　勾选"证书颁发机构"和"证书颁发机构 Web 注册"复选框

STEP 4 持续单击"下一步"按钮,直到出现确认安装所选内容界面时,单击"安装"按钮。

STEP 5 单击"关闭"按钮,重新启动计算机。

2. 架设独立根 CA

STEP 1 单击"配置目标服务器上的 Active Directory 证书服务"选项,如图 9-8 所示。

图 9-8　配置目标服务器上的 Active Directory 证书服务

STEP 2 在弹出的窗口中,单击"下一步"按钮,开始配置 AD CS。

STEP 3 勾选"证书颁发机构"和"证书颁发机构 Web 注册"复选框,如图 9-9 所示,单击"下一步"按钮。

图 9-9　选择要配置的角色服务

STEP 4 在图 9-10 所示的窗口中选择 CA 的类型后，单击"下一步"按钮。

图 9-10　设置类型

注意：若此计算机是独立服务器或用户不是利用域 Enterprise Admins 的成员身份登录的，就无法选择企业 CA。

STEP 5 在图 9-11 所示的对话框，选中"根 CA"单选按钮后，单击"下一步"按钮。

图 9-11　指定 CA 的类型

STEP 6 在图 9-12 所示的对话框中选中"创建新的私钥"单选按钮后单击"下一步"按钮。此为 CA 的私钥,CA 必须拥有私钥后,才可以给客户端发放证书。

图 9-12　创建新的私钥

注意:若是重新安装 CA(之前已经在这台计算机上安装过),则可以选择使用前一次安装时创建的私钥。

STEP 7 出现"指定加密选项"界面时,直接单击"下一步"按钮,采用默认的建立私钥的方法即可。

STEP 8 出现"指定 CA 名称"界面时,将此 CA 的公用名称设置为 DNS2-CA,如图 9-13 所示。

说明:由于 DNS2 是 long60.cn 的成员服务器,所以默认的 CA 的公用名称为 long-DNS2-CA,为区别于企业 CA,我们在此将"此 CA 的公用名称"改为 DNS2-CA。

STEP 9 单击"下一步"按钮。在"指定有效期"界面中单击"下一步"按钮。CA 的有效期默认为 5 年。

STEP 10 在"指定数据库位置"界面中单击"下一步"按钮,采用默认值即可。

STEP 11 在"确认"界面中单击"配置"按钮,出现"结果"界面时单击"关闭"按钮。

STEP 12 安装完成后,可按 Windows 键,切换到"开始"菜单,选择"开始"→"Windows 管理工具"→"证书颁发机构"命令或在服务器管理器中选择右上方的"工具"→"证书颁发机构"命令,打开证书颁发机构的管理界面,以此来管理 CA。图 9-14 所示为独立根 CA 的管理界面。

若是企业 CA,则它是根据证书模板(见图 9-15)来发放证书的。例如,图 9-15 中右方的用户模板内同时提供了可以用来对文件加密的证书、保护电子邮件安全的证书与验证客户端身份的证书。(读者可以在 DNS1 上安装企业 CA:long-DNS1-CA)

图 9-13　指定 CA 名称

图 9-14　证书颁发机构（本地）

图 9-15　企业 CA 的证书模板

任务 9-2　DNS 与测试网站准备

将网站建立在 DNS1 上。

STEP 1　在 DNS1 上配置 DNS，新建别名记录，如图 9-16 所示。DNS1（IP 地址为 192.168.10.1）为 www.long60.cn，DNS2（IP 地址为 192.168.10.2）为 www1.long60.cn。

STEP 2　为了测试 SSL 网站是否正常，在网站主目录下（假设是 C:\Web）利用记事本创建文件名为 index.htm 的首页文件，如图 9-17 所示。建议先在文件资源管理器内单击"查看"菜单，勾选文件"扩展名"复选框，如此在建立文件时才不容易弄错扩展名，同时在图 9-17 中才能看到文件 index.htm 的扩展名为.htm。

图 9-16　在 DNS1 上配置 DNS

图 9-17　在主目录创建文件 index.htm

STEP 3　在 DNS1 上配置 Web 服务器，停用网站 Default Web Site，重新建立"SSL 测试网站"，其对应的 IP 地址为 192.168.10.1，网站的主目录是 C:\Web，如图 9-18 所示。

图 9-18　新建 SSL 测试网站

任务 9-3　让浏览器计算机 WIN10-1 信任 CA

　　网站 Web(DNS1)与运行浏览器的计算机 WIN10-1 都应该信任发放 SSL 证书的 CA (DNS2)，否则浏览器在利用 https(SSL)连接网站时会显示警告信息。

　　若是企业 CA，而且网站与浏览器计算机都是域成员，则它们都会自动信任此企业 CA。然而图 9-5 中的 CA 为独立根 CA，且 WIN10-1 没有加入域，故需要在这台计算机 上手动执行信任 CA 的操作。以下步骤是让图 9-5 中的 Windows 10 计算机 WIN10-1 信 任图 9-5 中的独立根 CA。

　STEP 1　在 WIN10-1 上打开 Internet Explorer，并输入 URL 路径 http://192.168. 10.2/certsrv。其中，192.168.10.2 为图 9-5 中独立根 CA 的 IP 地址，此处也可改为 CA 的 DNS 主机名(http://www1.long60.cn/certsrv)或 NetBIOS 计算机名称。

　STEP 2　在图 9-19 所示的窗口中单击"下载 CA 证书、证书链或 CRL"超链接。

图 9-19　下载 CA 证书

　　注意：若客户端为 Windows Server 2019 计算机，则先将其 IE 增强的安全配置关闭，否则系统会阻挡其连接 CA 网站：打开"服务器管理器"窗口，单击"本地服务器"选项，单击"IE 增强的安全配置"右方的"启用"超链接，选中"管理员"处的"关闭"单选按钮，如图 9-20 所示。

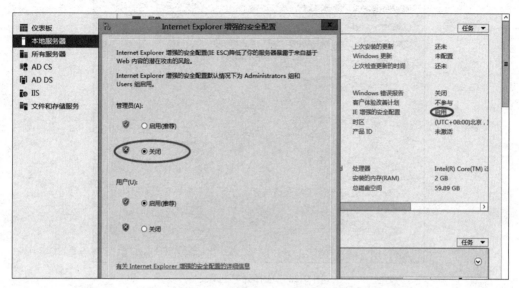

图 9-20　关闭 IE 增强的安全配置

　　STEP 3　在图 9-21 所示的窗口中单击"下载 CA 证书链"超链接，然后单击"保存"按钮右侧的下拉按钮，选择"另存为"命令，将证书下载到本地 C:\cert 文件夹中。默认的文件名为 certnew.p7b。

图 9-21　保存证书文件到本地

　　STEP 4　右击"开始"菜单，在弹出的快捷菜单中选择"运行"命令，在打开的"运行"对话框中的"打开"栏下输入 mmc，然后单击"确定"按钮。选择"文件"→"添加/删除管理单元"命令，然后从可用的管理单元列表中选择"证书"后单击"添加"按钮，在图 9-22 所示的对话框中选中"计算机账户"单选按钮，之后依次单击"下一步"→"完成"→"确定"
按钮。

图 9-22　选择计算机账户

STEP 5　展开"受信任的根证书颁发机构"节点，选中"证书"选项，右击，在弹出的快
捷菜单中选择"所有任务"→"导入"命令，如图 9-23 所示。

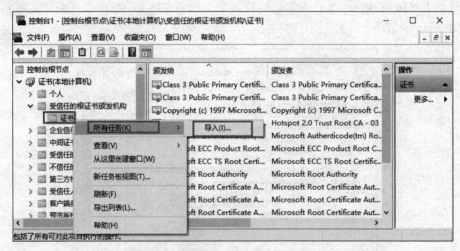

图 9-23　选择"所有任务"→"导入"命令

STEP 6　单击"下一步"按钮。在图 9-24 所示的对话框中选择之前下载的 CA 证书
文件后，单击"下一步"按钮。

STEP 7　依次单击"下一步"→"完成"→"确定"按钮，图 9-25 所示为完成后的界面。

图 9-24　选择要导入的文件

图 9-25　完成后的界面

任务 9-4　在 Web 服务器上配置证书服务

在扮演网站 www.long60.cn 角色的 Web 计算机 DNS1 上执行以下操作。

1. 在网站上创建证书申请文件

STEP 1 选择"开始"→"Windows 管理工具"→"Internet Information Services(IIS)
管理器"命令。

271

STEP 2 选中 DNS1 选项，双击"服务器证书"链接，选择"创建证书申请"命令，如图 9-26 所示。

图 9-26　创建证书申请

STEP 3 在图 9-27 所示的对话框中输入网站的相关数据后，单击"下一步"按钮。

图 9-27　可分辨名称属性

注意：因为在通用名称处输入的网址被定义为 www.long60.cn，故客户端需使用此网址来连接 SSL 网站。

STEP 4 在图 9-28 所示的对话框中直接单击"下一步"按钮即可。图 9-28 中的"位长"是用来定义网站公钥的位长的，位长越大，安全性越高，但效率越低。

图 9-28　加密服务提供程序属性

STEP 5 在图 9-29 所示的对话框中指定证书申请文件名与存储位置(本例为 C:\WebCert)后,单击"完成"按钮。

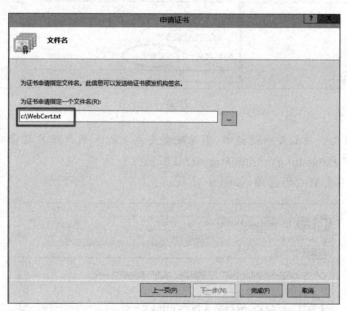

图 9-29　指定证书申请文件名

2. 申请证书与下载证书

请继续在扮演网站角色的计算机 DNS1 上执行以下操作(以下是针对独立根 CA 的,

273

但会附带说明企业 CA 的操作）。

STEP 1 将 IE 增强的安全配置关闭，否则系统会阻挡其连接 CA 网站：打开"服务器管理器"窗口，单击"本地服务器"选项，单击"IE 增强的安全配置"右方的"启用"超链接，选中"管理员"处的"关闭"单选按钮。

STEP 2 打开 Internet Explorer，并输入 URL 路径 http://192.168.10.2/certsrv。其中，192.168.10.2 为图 9-5 中独立根 CA 的 IP 地址，此处也可改为 CA 的 DNS 主机名 www.long60.cn 或 NetBIOS 计算机名称。

STEP 3 在图 9-30 所示的窗口中单击"申请证书"→"高级证书申请"超链接。

图 9-30　申请一个证书

注意：若是向企业 CA 申请证书，则系统会先要求输入用户账户与密码，此时请输入域系统管理员账户（如 long\administrator）与密码。

STEP 4 单击第二个选项，如图 9-31 所示。

图 9-31　高级证书申请

STEP 5 在开始下一个步骤之前，请先利用记事本打开前面的证书申请文件 C:\

webcert.txt，然后复制整个文件的内容，如图 9-32 所示。

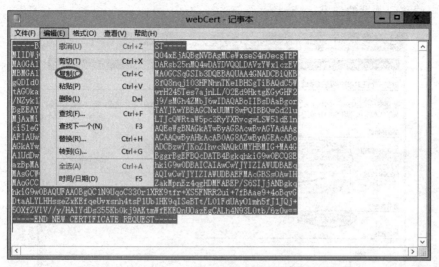

图 9-32　复制整个证书申请文件

STEP 6 将复制下来的内容粘贴到图 9-33 所示的界面中的"Base-64 编码的证书申请"文本框中，完成后单击"提交"按钮。

图 9-33　提交一个证书申请或续订申请

注意：若是企业 CA，则将复制下来的内容粘贴到图 9-34 中的"Base-64 编码的证书申请"文本框中，在"证书模板"下拉列表中选择"Web 服务器"并单击"提交"按钮，然后直接跳到 STEP 10。

STEP 7 因为独立根 CA 默认并不会自动颁发证书，故按图 9-35 的要求，等 CA 系统管理员发放此证书后，再来连接 CA 与下载证书。该证书 ID 为 2。

STEP 8 到 CA 计算机（DNS2）上按 Windows 键切换到"开始"菜单，选择"Windows 管理工具"→"证书颁发机构"→"挂起的申请"命令，选中图 9-36 中的证书请求，并右击，在弹出的快捷菜单中选择"所有任务"→"颁发"命令。颁发完成后，该证书由挂起的申请移到颁发的证书。

图 9-34　提交一个证书申请或续订申请（企业 CA）

图 9-35　等待 CA 系统管理员发放此证书

图 9-36　CA 系统管理员发放此证书

STEP 9　回到网站计算机(DNS1)上,打开网页浏览器,连接到 CA 网页(如 http:// 192.168.10.2/certsrv),按图 9-37 所示的内容进行选择。

图 9-37　查看挂起的证书申请的状态

STEP 10　在图 9-38 所示的窗口中单击"下载证书"超链接,然后单击"保存"按钮,将证书保存到本地,默认的文件名为 certnew.cer。

图 9-38　下载证书并保存到本地

注意:该证书默认保存在用户的 downloads 文件夹下,如 C:\users\administrator\ downloads\certnew.cer。如果单击"另存为"按钮,则可以更改此默认文件夹。

3. 安装证书(DNS1)

将从 CA 下载的证书安装到 IIS 计算机(DNS1)上。

STEP 1　单击"DNS1"选项,双击"服务器证书"链接,单击"完成证书申请"链接,如图 9-39 所示。

图 9-39　完成证书申请

STEP 2　在图 9-40 所示的对话框中选择前面下载的证书文件，为其设置好记名称（如 Web Test Site Certificate）。将证书存储到"个人"证书存储区，单击"确定"按钮。

图 9-40　指定证书颁发机构响应的文件名

STEP 3　图 9-41 所示为完成后的界面。

图 9-41　完成后的界面

4. 绑定 https 通信协议

STEP 1　将 https 通信协议绑定到"SSL 测试网站",在控制台面板中选择"SSL 测试网站"选项右方的"绑定"命令,如图 9-42 所示。

图 9-42　SSL 测试网站主页设置

　　STEP 2　打开"网站绑定"对话框,单击"添加"按钮,在"类型"下拉列表中选择 https,在"IP 地址"文本框栏输入 192.168.10.1,在"SSL 证书"下拉列表中选择 Web Test Site Certificate 后单击"确定"按钮,再单击"关闭"按钮,如图 9-43 所示。

图 9-43　添加网站绑定

STEP 3　图 9-44 所示为完成后的界面。

图 9-44　完成后的界面

任务 9-5　测试 SSL 安全连接（WIN10-1）

SSL 网站安全连接

STEP 1　利用图 9-5 中的 WIN10-1 计算机，来尝试与 SSL 网站建立 SSL 安全连接。打开桌面版 Internet Explorer，然后利用一般连接方式 http://192.168.10.1 来连接网站，此时应该会看到图 9-45 所示的界面。

图 9-45　测试网站正常运行

STEP 2　利用 SSL 安全连接方式 https://192.168.10.1 来连接网站,此时应该会看到图 9-46 所示的警告界面,表示这台 WIN10-1 计算机并未信任发放 SSL 证书的 CA,此时仍然可以单击下方的"转到此网页(不推荐)"按钮来打开网页或先执行信任的操作后再来测试。

图 9-46　利用 SSL 安全连接方式 https://192.168.10.1 连接网络

注意:如果确定所有的设置都正确,但是在这台 Windows 10 计算机的浏览器界面上却没有出现应该有的结果,则将 Internet 临时文件删除后再试试看,方法为:单击"工具"菜单(若没有显示"工具"菜单,请按 Alt 键),选择"Internet 选项",单击"浏览历史记录"处的"删除"按钮,确认"Internet 临时文件"复选框已勾选,单击"删除"按钮,或是按 Ctrl＋F5 组合键,要求它不要读取临时文件,而是直接连接网站。

STEP 3　系统默认并未强制客户端需要利用 https 的 SSL 方式来连接网站,因此也可以通过 http 方式来连接。若要采取强制方式,可以针对整个网站、单一文件夹或单一文件来设置,以整个网站为例,其设置方法为:单击"SSL 测试网站"选项,双击"SSL 设置"选项,勾选"要求 SSL"复选框后单击"应用"按钮,如图 9-47 所示。

注意:①如果仅针对某个文件夹设置,那么选中要设置的文件夹而不是整个 Web Site。②若要针对单一文件设置,则先单击文件所在的文件夹,单击中间下方的"内容视图",再单击右方的"切换至功能视图",通过中间的"SSL 设置"来设置。

STEP 4　在客户端 WIN10-1 上再次进行测试。打开浏览器,输入 http://192.168.10.1 或者 http://www.long60.cn,由于需要 SSL 链接,所以出现错误,如图 9-48 所示。

281

图 9-47　设置整个网站的 SSL

图 9-48　非 SSL 连接被禁止访问

STEP 5　打开浏览器，输入 https://192.168.10.1，此时应该会看到图 9-46 所示的警告界面，表示这台 WIN10-1 计算机并未信任发放 SSL 证书的 CA，此时仍然可以单击下方的"转到此网页（不推荐）"按钮来打开网页。不过请注意：在打开网站的同时，也会出现证书错误信息："不匹配的地址"，如图 9-49 所示。因为在前面设置的通用名称是 www.long60.cn，不是 192.168.10.1。

图 9-49　证书错误：不匹配的地址

STEP 6 在浏览器地址栏中输入 https://www.long60.cn，正常运行，如图 9-50 所示。

图 9-50 成功访问 SSL 网站

9.4 习   题

一、填空题

1. 数字签名通常利用公钥加密方法实现，其中发送者签名使用的密钥为发送者的_____。

2. 身份验证机构的_____可以确保证书信息的真实性，用户的_____可以保证数字信息传输的完整性，用户的_____可以保证数字信息的不可否认性。

3. 认证中心颁发的数字证书均遵循_____标准。

4. PKI 的中文名称是_____，英文全称是_____。

5. _____专门负责数字证书的发放和管理，以保证数字证书的真实可靠，也称_____。

6. Windows Server 2019 支持两类认证中心：_____和_____，每类 CA 中都包含根 CA 和从属 CA。

7. 申请独立 CA 证书时，只能通过_____方式。

8. 独立 CA 在收到申请信息后，不能自动核准与发放证书，需要_____证书，然后客户端才能安装证书。

二、简答题

1. 对称密钥和非对称密钥的特点各是什么？

2. 什么是数字证书？

3. 证书的用途是什么？

4. 企业根 CA 和独立根 CA 有什么不同？

5. 安装 Windows Server 2019 网络操作系统认证服务的核心步骤是什么？

6. 证书与 IIS 结合实现 Web 站点的安全性的核心步骤是什么？

7. 简述证书的颁发过程。

9.5 项目实训 实现网站的 SSL 连接访问

一、实训目的

- 掌握企业 CA 的安装与证书申请。
- 掌握数字证书的管理方法及技巧。

配置与管理
证书服务器

二、实训环境

本项目实训需要计算机 2 台，DNS 域为 long60.cn。一台安装 Windows Server 2019 企业版，用作 CA 服务器、DNS 服务器和 Web 服务器，IP 地址为 192.168.10.2/24，DNS 服务器的 IP 地址为 192.168.10.2，计算机名为 DNS2。一台安装 Windows 10 操作系统作为客户端进行测试，IP 地址为 192.168.10.10，DNS 服务器的 IP 地址为 192.168.10.2，计算机名为 WIN10-1。

另外需要 Windows Server 2019 安装光盘或其映像、Windows 10 操作系统安装光盘或其映像文件。

三、实训要求

在默认情况下，IIS 使用 HTTP 以明文形式传输数据，没有采取任何加密措施，用户的重要数据很容易被窃取，如何才能保护局域网中的重要数据呢？可以利用 CA 证书使用 SSL 增强 IIS 服务器的通信安全。

SSL 网站不同于一般的 Web 站点，它使用的是 HTTPS，而不是普通的 HTTP，因此它的 URL（统一资源定位器）格式为"https://网站域名"。

具体实现方法如下。

1. 在 DNS2 网络中安装证书服务

安装独立根 CA，设置证书的有效期限为 5 年，指定证书数据库和证书数据库日志采用默认位置。

2. 在 DNS2 中利用 IIS 创建 Web 站点

利用 IIS 创建一个 Web 站点。具体方法详见"配置与管理 Web 服务器"的相关内容，在此不再赘述。注意创建 www1.long60.cn（IP 地址为 192.168.10.2）的主机记录。

3. 让浏览器计算机 WIN10-1 信任 CA

4. 在服务端（Web 站点）中安装证书

（1）在网站上创建证书申请文件。设置参数如下。

① 此网站使用的方法是"新建证书"，并且立即请求证书。

② 新证书的名称是 smile，加密密钥的位长是 512。

③ 单位信息：组织名 jn（济南）和部门名称×××（数字工程学院）。

④ 站点的公用名称：www1.long60.cn。

⑤ 证书的地理信息：中国，山东省，济南市。

（2）安装证书。

（3）绑定 https 通信协议。强制客户端需要利用 https 的 SSL 方式来连接网站。

5. 进行安全通信（即验证实验结果）

（1）利用普通的 HTTP 浏览，将会得到错误信息"该网页必须通过安全频道查看"。

（2）利用 https：//192.168.10.2 浏览，系统将通过 IE 浏览器提示客户 Web 站点的安全证书问题，单击"确定"按钮，可以浏览到站点。

（3）利用 https：//www1.long60.cn 浏览，可以浏览到站点。

提示：客户端将向 Web 站点提供自己从 CA 申请的证书给 Web 站点，此后客户端（IE 浏览器）和 Web 站点之间的通信就被加密了。

四、做一做

根据实训项目视频进行项目的实训，检查学习效果。

项目 10　配置与管理 VPN 服务器

作为网络管理员,必须熟悉网络安全保护的各种策略环节以及可以采取的安全措施,这样才能合理地进行安全管理,使得网络和计算机处于安全保护的状态。

虚拟专用网(virtual private network,VPN)可以让远程用户通过 Internet 来安全地访问公司内部网络的资源。

本项目学习要点

- 理解 VPN 的基本概念和基本原理。
- 理解远程访问 VPN 的构成和连接过程。
- 掌握配置并测试远程访问 VPN 的方法。
- 掌握 VPN 服务器的网络策略的配置方法。

10.1　项目基础知识

远程访问(remote access)也称为远程接入,通过这种技术,可以将远程或移动用户连接到组织内部网络上,使远程用户可以像他们的计算机物理地连接到内部网络上一样工作。实现远程访问最常用的连接方式就是 VPN 技术。目前,Internet 中的多个企业网络常常选择 VPN 技术(通过加密技术、验证技术、数据确认技术的共同应用)连接起来,就可以轻易地在 Internet 上建立一个专用网络,让远程用户通过 Internet 来安全地访问网络内部的网络资源。

VPN 基础知识

虚拟专用网是指在公共网络(通常为 Internet)中建立一个虚拟的、专用的网络,是 Internet 与 Intranet 之间的专用通道,为企业提供一个高安全、高性能、简便易用的环境。当远程的 VPN 客户端通过 Internet 连接到 VPN 服务器时,它们之间所传送的信息会被加密,所以即使信息在 Internet 传送的过程中被拦截,也会因为信息已被加密而无法识别,因此可以确保信息的安全性。

10.1.1　VPN 的构成

(1) 远程访问 VPN 服务器。远程访问 VPN 服务器用于接收并响应 VPN 客户端的连接请求,并建立 VPN 连接。它可以是专用的 VPN 服务器设备,也可以是运行 VPN 服务的主机。

（2）VPN 客户端。VPN 客户端用于发起连接 VPN 的连接请求,通常为 VPN 连接组件的主机。

（3）隧道协议。VPN 的实现依赖于隧道协议,通过隧道协议,可以将一种协议用另一种协议或相同协议封装,同时还可以提供加密、认证等安全服务。VPN 服务器和客户端必须支持相同的隧道协议,以便建立 VPN 连接。目前最常用的隧道协议有 PPTP 和 L2TP。

- 点对点隧道协议（point-to-point tunneling protocol,PPTP）是点对点协议（point-to-point protocol,PPP）的扩展,并协调使用 PPP 的身份验证、压缩和加密机制。PPTP 的客户端支持内置于 Windows XP 操作系统的远程访问客户端中。只有 IP 网络（如 Internet）才可以建立 PPTP 的 VPN。两个局域网之间若通过 PPTP 来连接,则两端直接连接到 Internet 的 VPN 服务器必须要执行 TCP/IP,但网络内的其他计算机不一定需要支持 TCP/IP,它们可执行 TCP/IP、IPX 或 NetBEUI 通信协议,因为当它们通过 VPN 服务器与远程计算机通信时,这些不同通信协议的数据包会被封装到 PPP 的数据包内,然后经过 Internet 传送,信息到达目的地后,再由远程的 VPN 服务器将其还原为 TCP/IP、IPX 或 NetBEUI 的数据包。PPTP 是利用微软点对点加密术（Microsoft point-to-point encryption,MPPE）来将信息加密的。PPTP 的 VPN 服务器支持内置于 Windows Server 2003 家族的成员中。PPTP 与 TCP/IP 一同安装,根据运行"路由和远程访问服务器安装向导"时所做的选择,PPTP 可以配置为 5 个或 128 个 PPTP 端口。
- 第二层隧道协议（layer two tunneling protocol,L2TP）是基于 RFC 的隧道协议,该协议是一种业内标准。L2TP 同时具有身份验证、加密与数据压缩的功能。L2TP 的验证与加密方法都是采用 IPSec。与 PPTP 类似,L2TP 也可以将 IP、IPX 或 NetBEUI 的数据包封装到 PPP 的数据包内。与 PPTP 不同,运行在 Windows Server 2019 服务器上的 L2TP 不利用微软点对点加密（MPPE）来加密点对点协议（PPP）数据报。L2TP 依赖于加密服务的 Internet 协议安全性（IPSec）。L2TP 和 IPSec 的组合被称为 L2TP/IPSec。L2TP/IPSec 提供专用数据的封装和加密的主要虚拟专用网（VPN）服务。VPN 客户端和 VPN 服务器必须支持 L2TP 和 IPSec。在 VPN 客户端方面,L2TP 支持 Windows 8/10 等远程访问客户端。在 VPN 服务器方面,L2TP 支持 Windows Server 家族的成员。L2TP 与 TCP/IP 一同安装,根据运行"路由和远程访问服务器安装向导"时所做的选择,L2TP 可以配置为 5 个或 128 个 L2TP 端口。

（4）Internet 连接。VPN 服务器和客户端必须都接入 Internet,并且能够通过 Internet 进行正常的通信。

10.1.2　VPN 应用场合

VPN 的实现可以分为软件和硬件两种方式。Windows 服务器版的操作系统以完全基于软件的方式实现了虚拟专用网,成本低廉。无论身处何地,只要能连接到 Internet,就可以与企业网在 Internet 上的虚拟专用网相关联,登录到内部网络浏览或交换信息。VPN 常使用在以下两种场合。

(1) 远程客户端通过 VPN 连接到局域网。总公司(局域网)的网络已经连接到 Internet,而用户通过远程拨号连接 ISP 连上 Internet 后,就可以通过 Internet 来与总公司(局域网)的 VPN 服务器建立 PPTP 或 L2TP 的 VPN,并通过 VPN 来安全地传送信息。

(2) 两个局域网通过 VPN 互连。两个局域网的 VPN 服务器都连接到 Internet,并且通过 Internet 建立 PPTP 或 L2TP 的 VPN,它可以让两个网络之间安全地传送信息,不用担心在 Internet 上传送时泄密。

除了使用软件方式实现外,VPN 的实现需要建立在交换机、路由器等硬件设备的基础上。目前,在 VPN 技术和产品方面,最具有代表性的当数 Cisco 和华为 3Com。

10.1.3　VPN 的连接过程

VPN 的连接过程如下。

(1) 客户端向服务器连接 Internet 的接口发送建立 VPN 连接的请求。

(2) 服务器接收到客户端建立连接的请求之后,将对客户端的身份进行验证。

(3) 如果身份验证未通过,则拒绝客户端的连接请求。

(4) 如果身份验证通过,则允许客户端建立 VPN 连接,并为客户端分配一个内部网络的 IP 地址。

(5) 客户端将获得的 IP 地址与 VPN 连接组件绑定,并使用该地址与内部网络进行通信。

10.1.4　认识网络策略

1. 什么是网络策略

部署网络访问保护(network access protection,NAP)时,将向网络策略配置中添加健康策略,以便在授权的过程中使用网络策略服务器(network policy server,NPS)执行客户端健康检查。

当处理作为 RADIUS 服务器的连接请求时,网络策略服务器对此连接请求既执行身份验证,又执行授权。在身份验证过程中,NPS 验证连接到网络的用户或计算机的身份。在授权过程中,NPS 决定是否允许用户或计算机访问网络。

若要进行此决定,NPS 使用在 NPS 微软管理控制台(Microsoft management console,MMC)管理单元中配置的网络策略。NPS 还检查 Active Directory 域服务(AD DS)中账户的拨入属性以执行授权。

可以将网络策略视为规则。每个规则都具有一组条件和设置。NPS 将规则的条件与连接请求的属性进行对比。如果规则和连接请求之间出现匹配,则规则中定义的设置会应用于连接。

当在 NPS 中配置了多个网络策略时,它们是一组有序的规则。NPS 根据列表中的第一个规则检查每个连接请求,然后根据第二个规则进行检查,依次类推,直到找到匹配项为止。

每个网络策略都有"策略状态"设置,使用该设置可以启用或禁用策略。如果禁用网络策略,则授权连接请求时,NPS 不评估策略。

2. 网络策略属性

每个网络策略中都有以下 4 种类别的属性。

(1)概述。使用这些属性可以指定是否启用策略,是允许还是拒绝访问策略,以及连接请求是需要特定网络连接方法还是需要网络访问服务器类型。使用概述属性还可以指定是否忽略 AD DS 中的用户账户的拨入属性。如果选择该选项,则 NPS 只使用网络策略中的设置来确定是否授权连接。

(2)条件。使用这些属性,可以指定为了匹配网络策略,连接请求所必须具有的条件;如果策略中配置的条件与连接请求匹配,则 NPS 将把网络策略中指定的设置应用于连接。例如,如果将网络访问服务器 IPv4 地址(NAS IPv4 地址)指定为网络策略的条件,并且 NPS 从具有指定 IP 地址的 NAS 接收连接请求,则策略中的条件与连接请求相匹配。

(3)约束。约束是匹配连接请求所需的网络策略的附加参数。如果连接请求与约束不匹配,则 NPS 自动拒绝该请求。与 NPS 对网络策略中不匹配条件的响应不同,如果约束不匹配,则 NPS 不评估附加网络策略,只拒绝连接请求。

(4)设置。使用这些属性,可以指定在策略的所有网络策略条件都匹配时,NPS 应用于连接请求的设置。

10.2　项目设计与准备

1. 任务设计

所有任务将根据图 10-1 所示的环境部署远程访问 VPN 服务器。

DNS1、DNS2、WIN10-1 可以是 VMware 的虚拟机。内部网络的连接方式是 VMnet1,外部网络的连接方式是 VMnet2。VPN 客户端与内部网络间的实际应用中应该有路由通达,图 10-1 仅是实训时所用的网络拓扑图,请读者注意。

2. 任务准备

部署远程访问 VPN 服务器之前,应做如下准备。

(1)使用提供远程访问 VPN 服务的 Windows Server 2019 网络操作系统。

(2)VPN 服务器 DNS1 至少要有两个网络连接,IP 地址如图 10-1 所示。

(3)VPN 服务器 DNS1 必须与内部网络相连,因此需要配置与内部网络连接所需要

角色：网关、VPN服务器
主机名：DNS1
操作系统：Windows Server 2019

内部网IP地址：
192.168.10.1/24
网络连接：VMnet1

接入Internet的IP
地址：200.200.200.1/24
网络连接：VMnet2

角色：VPN客户端
主机名：WIN10-1
操作系统：Windows 10
IP地址：200.200.200.2/24
网络连接：VMnet2

内部网

角色：内部网服务器
主机名：DNS2
IP地址：192.168.10.2/24
操作系统：Windows Server 2019
网络连接：VMnet1

图 10-1　架设 VPN 服务器网络拓扑图

的 TCP/IP 参数（私有 IP 地址），该参数可以手动指定，也可以通过内部网络中的 DHCP 服务器自动分配。本例的 DNS1 的 IP 地址为 192.168.10.1/24。

（4）内部网中 DNS2 的 IP 地址为 192.168.10.2/24，默认网关必须为 192.168.10.1。

（5）VPN 服务器必须同时与 Internet 相连，因此需要建立和配置与 Internet 的连接。VPN 服务器与 Internet 的连接通常采用较快的连接方式，如专线连接。本例 IP 地址为 200.200.200.1/24。

（6）合理规划分配给 VPN 客户端的 IP 地址。VPN 客户端在请求建立 VPN 连接时，VPN 服务器需要为其分配内部网络的 IP 地址。配置的 IP 地址也必须是内部网络中未使用的 IP 地址，地址的数量根据同时建立 VPN 连接的客户端数量来确定。在本任务中部署远程访问 VPN 服务器时，使用静态 IP 地址池为远程访问客户端分配 IP 地址，地址范围采用 192.168.100.100/24～192.168.100.200/24。

（7）客户端在请求建立 VPN 连接时，服务器要对其进行身份验证，因此应合理规划需要建立 VPN 连接的用户账户。客户端的 IP 地址为 200.200.200.2/24。

10.3　项 目 实 施

任务 10-1　架设 VPN 服务器

在架设 VPN 服务器之前，读者需要了解本节实例部署的需求和实验环境。本节使用 VMware Workstation 或 Hyper-V 服务器构建虚拟环境。

1. 为 VPN 服务器 DNS1 添加第二块网卡

选中 DNS1，依次选择"虚拟机"→"设置"命令，单击"添加"按钮，打开"硬件类型"窗口，单击"网络适配器"选项，如图 10-2 所示，单击"完成"按钮，将网卡的网络连接模式改为自定义中的 VMnet2,如图 10-3 所示。

图 10-2　选择硬件类型

图 10-3　选择网络连接模式

2. 未连接到 VPN 服务器时的测试（WIN10-1）

STEP 1 以管理员身份登录 WIN10-1，打开 Windows powershell 或者在运行处输入 cmd。

STEP 2 在 WIN10-1 上使用 ping 命令测试与 DNS1 和 DNS2 的连通性，如图 10-4 所示。

图 10-4　未连接 VPN 服务器时的测试结果

3. 安装"路由和远程访问服务"角色

要配置 VPN 服务器，必须安装"路由和远程访问"服务。Windows Server 2019 中的路由和远程访问是包括在"网络策略和访问服务"角色中的，并且默认没有安装。用户可以根据自己的需要选择同时安装网络策略和访问服务中的所有服务组件或者只安装路由和远程访问服务。

路由和远程访问服务的安装步骤如下。

STEP 1 以管理员身份登录服务器 DNS1，打开"服务器管理器"窗口的"仪表板"，单击"添加角色"链接，打开图 10-5 所示的"选择服务器角色"对话框，勾选"网络策略和访问服务"和"远程访问"复选框。

STEP 2 持续单击"下一步"按钮，显示"网络策略和访问服务"的"角色服务"对话框，网络策略和访问服务中包括"网络策略服务器""健康注册机构"和"主机凭据授权协议"角色服务，勾选"网络策略服务器"复选框。

图 10-5　"选择服务器角色"对话框

STEP 3　单击"下一步"按钮,显示"远程访问"的"角色服务"列表框。将角色服务全部选中,如图 10-6 所示。

STEP 4　最后单击"安装"按钮即可开始安装,安装完成后务必重启计算机。

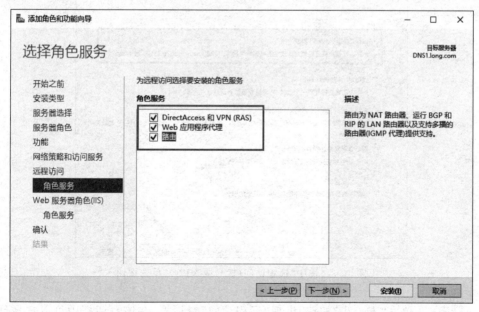

图 10-6　"远程访问"的"角色服务"列表框

4. 配置并启用 VPN 服务

在已经安装"路由和远程访问"角色服务的计算机"DNS1"上通过"路由和远程访问"控制台配置并启用路由和远程访问，具体步骤如下。

（1）打开"路由和远程访问服务器安装向导"对话框。

STEP 1 以域管理员账户登录到需要配置 VPN 服务的计算机 DNS1 上，选择"开始"→"Windows 管理工具"→"路由和远程访问"命令，打开图 10-7 所示的"路由和远程访问"控制台。

STEP 2 在该控制台树上右击服务器"DNS1（本地）"选项，在弹出的快捷菜单中选择"配置并启用路由和远程访问"命令，打开"路由和远程访问服务器安装向导"对话框。

（2）选择 VPN 连接。

STEP 1 单击"下一步"按钮，出现"配置"窗口，在该对话框中可以配置 NAT、VPN 以及路由服务，在此选中"远程访问（拨号或 VPN）"单选按钮，如图 10-8 所示。

图 10-7 "路由和远程访问"控制台

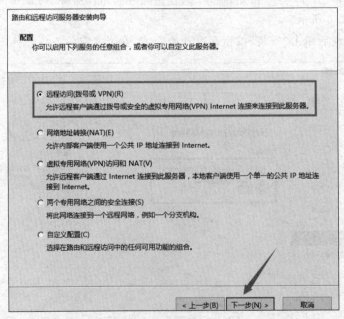

图 10-8 选中"远程访问（拨号或 VPN）"单选按钮

STEP 2 单击"下一步"按钮，出现"远程访问"对话框，在该对话框中可以选择创建拨号或 VPN 远程访问连接，在此勾选 VPN 复选框，如图 10-9 所示。

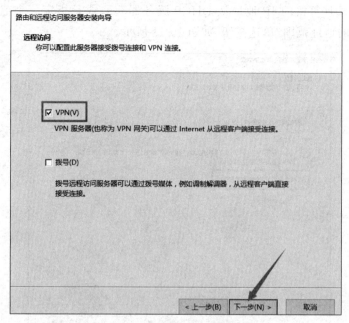

图 10-9　选择 VPN 连接

（3）选择连接到 Internet 的网络接口。单击"下一步"按钮，出现"VPN 连接"对话框，在该对话框中选择连接到 Internet 的网络接口，在此选择 Ethernet1 连接接口，如图 10-10 所示。

图 10-10　选择连接到 Internet 的网络接口

（4）设置 IP 地址分配。

STEP 1　单击"下一步"按钮，出现"IP 地址分配"对话框，在该对话框中可以设置分配给 VPN 客户端计算机的 IP 地址从 DHCP 服务器获取或是指定一个范围，在此选中"来自一个指定的地址范围"单选按钮，如图 10-11 所示。

图 10-11　设置 IP 地址分配

STEP 2　单击"下一步"按钮，出现"地址范围分配"对话框，在该对话框中指定 VPN 客户端计算机的 IP 地址范围。

STEP 3　单击"新建"按钮，出现"新建 IPv4 地址范围"对话框，在"起始 IP 地址"文本框中输入 192.168.100.100，在"结束 IP 地址"文本框中输入 192.168.100.200，如图 10-12 所示，然后单击"确定"按钮即可。

图 10-12　输入 VPN 客户端 IP 地址范围

STEP 4   返回到"地址范围分配"对话框,可以看到已经指定了一段 IP 地址范围。

(5)结束 VPN 配置。

STEP 1   单击"下一步"按钮,出现"管理多个远程访问服务器"对话框。在该对话框中可以指定身份验证的方法是路由和远程访问服务器还是 RADIUS 服务器,在此选中"否,使用路由和远程访问来对连接请求进行身份验证"单选按钮,如图 10-13 所示。

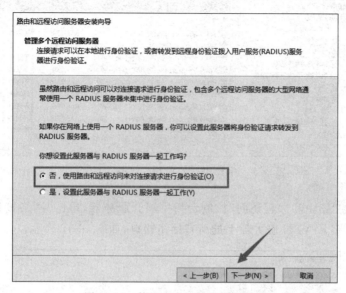

图 10-13   管理多个远程访问服务器

STEP 2   单击"下一步"按钮,出现"摘要"对话框,在该对话框中显示了之前步骤所设置的信息。

STEP 3   单击"完成"按钮,最后单击"确定"按钮即可。

(6)查看 VPN 服务器的状态。

STEP 1   完成 VPN 服务器的创建,返回到图 10-14 所示的"路由和远程访问"控制台。由于目前已经启用了 VPN 服务,所以显示绿色向上的标识箭头。

图 10-14   VPN 配置完成后的效果

STEP 2 在"路由和远程访问"控制台树中展开服务器，单击"端口"选项，在控制台右侧界面中显示所有端口的状态为"不活动"，如图 10-15 所示。

图 10-15　查看端口状态

STEP 3 在"路由和远程访问"控制台树中展开服务器，单击"网络接口"选项，在控制台右侧界面中显示 VPN 服务器上的所有网络接口，如图 10-16 所示。

图 10-16　查看网络接口

5. 停止和启动 VPN 服务

要启动或停止 VPN 服务，可以使用 net 命令、"路由和远程访问"控制台或"服务"控制台，具体步骤如下。

（1）使用 net 命令。以域管理员账户登录到 VPN 服务器 DNS1 上，在命令行提示符界面中，输入命令 net stop remoteaccess 停止 VPN 服务，输入命令 net start remoteaccess 启动 VPN 服务。

（2）使用"路由和远程访问"控制台。在"路由和远程访问"控制台中，右击服务器 DNS1，在弹出的快捷菜单中选择"所有任务"中的"停止"或"启动"命令，即可停止或启动

VPN 服务。

　　VPN 服务停止以后,"路由和远程访问"控制台界面如图 10-7 所示,显示红色向下标识箭头。

　　(3) 使用"服务"控制台。选择"服务器管理器"→"工具"→"服务"命令,打开"服务"控制台,找到服务"Routing and Remote Access",单击"停止此服务"或"重启动此服务"选项即可停止或启动 VPN 服务,如图 10-17 所示。

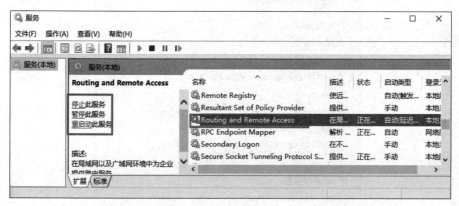

图 10-17　使用"服务"控制台启动或停止 VPN 服务

6. 配置域用户账户允许 VPN 连接

　　在域控制器 DNS1 上设置允许用户 Administrator@long60.cn 使用 VPN 连接到 VPN 服务器的具体步骤如下。

　　STEP 1　以域管理员账户登录到域控制器 DNS1 上,打开"Active Directory 用户和计算机"控制台。依次打开 long60.cn 和 Users 节点,右击用户 Administrator,在弹出的快捷菜单中选择"属性"命令,打开"Administrator 属性"对话框。

　　STEP 2　在"Administrator 属性"对话框中单击"拨入"选项卡。在"网络访问权限"选项区域中选中"允许访问"单选按钮,如图 10-18 所示,最后单击"确定"按钮即可。

7. 在 VPN 端建立并测试 VPN 连接

　　在 VPN 端计算机 WIN10-1 上建立 VPN 连接并连接到 VPN 服务器上,具体步骤如下。

　　(1) 在客户端计算机上新建 VPN 连接。

　　STEP 1　以本地管理员账户登录到 VPN 客户端计算机 WIN10-1 上,选择"开始"→"Windows 系统"→"控制面板"→"网络和 Internet"→"网络和共享中心"命令,打开图 10-19 所示的"网络和共享中心"窗口。

　　STEP 2　单击"设置新的连接或网络"按钮,打开"设置连接或网络"对话框,通过该对话框可以建立连接以连接到 Internet 或专用网络,在此选择"连接到工作区"选项,如图 10-20 所示。

图 10-18 "Administrator 属性"对话框

图 10-19 "网络和共享中心"窗口

STEP 3 单击"下一步"按钮，出现"连接到工作区—你希望如何连接?"对话框，在该对话框中指定使用 Internet 还是拨号方式连接到 VPN 服务器，在此单击"使用我的 Internet 连接(VPN)"选项，如图 10-21 所示。

STEP 4 接着出现"连接到工作区—你想在继续之前设置 Internet 连接吗?"对话

图 10-20　选择"连接到工作区"

图 10-21　选择"使用我的 Internet 连接(VPN)"

框,在该对话框中设置 Internet 连接。由于本实例的 VPN 服务器和 VPN 客户机是物理直接连接在一起的,所以单击"我将稍后设置 Internet 连接"选项,如图 10-22 所示。

STEP 5　接着出现图 10-23 所示的"连接到工作区—键入要连接的 Internet 地址"对话框,在"Internet 地址"文本框中输入 VPN 服务器的外网网卡 IP 地址 200.200.200.1,并设置目标名称为"VPN 连接"。

STEP 6　单击"创建"按钮创建 VPN 连接。

图 10-22　设置 Internet 连接

图 10-23　输入要连接的 Internet 地址

（2）连接到 VPN 服务器。

STEP 1　右击"开始"菜单，在弹出的快捷菜单中单击"网络连接"→VPN→"VPN 连接"→"连接"按钮，如图 10-24 所示，打开图 10-25 所示的对话框。在该对话框中输入允许 VPN 连接的账户和密码，在此使用账户 administrator@long60.cn 建立连接。

STEP 2　单击"确定"按钮，经过身份验证后即可连接到 VPN 服务器，在图 10-26 所示的"网络连接"界面中可以看到"VPN 连接"的状态是"已连接"。

图 10-24　网络连接——VPN 连接

图 10-25　连接 VPN

图 10-26　已经连接到 VPN 服务器的效果

8. 验证 VPN 连接

当 VPN 客户端计算机 WIN10-1 连接到 VPN 服务器 DNS1 上之后，可以访问公司内部局域网络中的共享资源，具体步骤如下。

（1）查看 VPN 客户机获取到的 IP 地址。

STEP 1 在 VPN 客户端计算机 WIN10-1 上，打开 Windows powershell 或者命令提示符，使用命令 ipconfig /all 查看 IP 地址信息，如图 10-27 所示，可以看到 VPN 连接获得的 IP 地址为 192.168.100.101。

STEP 2 先后输入命令 ping 192.168.10.1 和 ping 192.168.10.2 测试 VPN 客户端计算机和 VPN 服务器以及内网计算机的连通性，但这时使用命令 ping 200.200.200.1 是不成功的，如图 10-28 所示。

图 10-27 查看 VPN 客户机获取到的 IP 地址 图 10-28 测试 VPN 连接

（2）在 VPN 服务器上的验证。

STEP 1 以域管理员账户登录到 VPN 服务器上，在"路由和远程访问"控制台树中展开服务器节点，单击"远程访问客户端(1)"选项，在控制台右侧界面中显示连接时间以及连接的账户，这表明已经有一个客户端建立了 VPN 连接，如图 10-29 所示。

图 10-29 查看远程访问客户端

STEP 2　单击"端口"选项,在控制台右侧界面中可以看到其中一个端口的状态是"活动",表明有客户端连接到 VPN 服务器。

STEP 3　双击该活动端口,打开"端口状态"对话框,在该对话框中显示连接时间、用户以及分配给 VPN 客户端计算机的 IP 地址,如图 10-30 所示。

图 10-30　VPN 活动端口状态

（3）访问内部局域网的共享文件。

STEP 1　以管理员账户登录到内部网服务器 DNS2 上,在"计算机"管理器中创建文件夹 C:\share 作为测试目录,在该文件夹内存入一些文件,并将该文件夹共享给"特定用户",如 administrator。

STEP 2　以本地管理员账户登录到 VPN 客户端计算机 WIN10-1 上,选择"开始"→"运行"命令,输入内部网服务器 DNS2 上共享文件夹的 UNC 路径为\\192.168.10.2,单击"确定"按钮。

STEP 3　由于已经连接到 VPN 服务器上,所以可以访问内部局域网络中的共享资源,但需要输入网络凭据。在"输入网络凭据"窗口中,单击"使用其他账户"按钮,然后输入 DNS2 的管理员账户和密码,不要输错了,本例账户名应为 DNS2\administrator,如图 10-31 所示。单击"确定"按钮后,就可以访问 DNS2 上的共享资源了。

（4）断开 VPN 连接。

① 在客户端 WIN10-1 上单击"断开"按钮断开客户端计算机的 VPN 连接。

② 以域管理员账户登录到 VPN 服务器 DNS1 上,在"路由和远程访问"控制台树中依次展开服务器和"远程访问客户端（1）"节点,在控制台右侧界面中右击连接的远程客户端,在弹出的快捷菜单中选择"断开"命令,即可断开客户端计算机的 VPN 连接。

图 10-31　输入网络凭据

任务 10-2　配置 VPN 服务器的网络策略

任务要求如下：在 VPN 服务器 DNS1 上创建网络策略"VPN 网络策略"，使得用户在进行 VPN 连接时使用该网络策略，如图 10-1 所示。具体步骤如下。

1. 新建网络策略

STEP 1　以域管理员账户登录到 VPN 服务器 DNS1 上，选择"开始"→"Windows 管理工具"→"网络策略服务器"命令，打开图 10-32 所示的"网络策略服务器"控制台。

图 10-32　"网络策略服务器"控制台

STEP 2　右击"网络策略"选项,在弹出的快捷菜单中选择"新建"命令,打开"新建网络策略"对话框,在"指定网络策略名称和连接类型"对话框中指定"策略名称"为"VPN 策略",指定"网络访问服务器的类型"为"远程访问服务器(VPN 拨号)",如图 10-33 所示。

图 10-33　设置网络策略名称和连接类型

2. 指定网络策略条件—日期和时间限制

STEP 1　单击"下一步"按钮,出现"指定条件"对话框,在该对话框中设置网络策略的条件,如日期和时间、用户组等。

STEP 2　单击"添加"按钮,出现"选择条件"对话框。在该对话框中选择要配置的条件属性,选择"日期和时间限制"选项,如图 10-34 所示。该选项表示每周允许和不允许用户连接的时间和日期。

图 10-34　选择条件

STEP 3 单击"添加"按钮，出现"日期和时间限制"对话框，在该对话框中设置允许建立 VPN 连接的时间和日期，如图 10-35 所示，设置允许访问的时间，单击"确定"按钮。

图 10-35　设置日期和时间限制

STEP 4 返回图 10-36 所示的"指定条件"对话框，从中可以看到已经添加了一条网络条件。

图 10-36　设置日期和时间限制后的效果

3. 授予远程访问权限

单击"下一步"按钮，出现"指定访问权限"对话框，在该对话框中指定连接访问权限是允许还是拒绝，在此选中"已授予访问权限"单选按钮，如图 10-37 所示。

图 10-37　已授予访问权限

4. 配置身份验证方法

单击"下一步"按钮，出现图 10-38 所示的"配置身份验证方法"对话框，在该对话框中指定身份验证的方法和 EAP 类型。

图 10-38　配置身份验证方法

5. 配置约束

单击"下一步"按钮，出现图 10-39 所示的"配置约束"对话框，在该对话框中配置网络策略的约束，如身份验证方法、空闲超时、会话超时、被叫站 ID、日期和时间限制、NAS 端口类型。

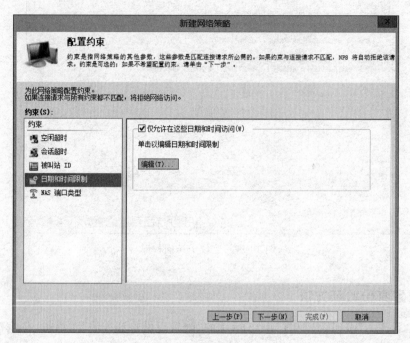

图 10-39 "配置约束"对话框

6. 配置设置

单击"下一步"按钮，出现图 10-40 所示的"配置设置"对话框，在该对话框中配置此网络策略的设置，如 RADIUS 属性、多链路和带宽分配协议（BAP）、IP 筛选器、加密、IP 设置。

7. 正在完成新建网络策略

单击"下一步"按钮，出现"正在完成新建网络策略"窗口，最后单击"完成"按钮，即可完成网络策略的创建。

8. 设置用户远程访问权限

以域管理员账户登录到域控制器 DNS1 上，打开"Active Directory 用户和计算机"控制台，依次展开 long60.cn 和 Users 节点，右击用户 Administrator 选项，在弹出的快捷菜单中选择"属性"命令，打开"Administrator 属性"对话框。单击"拨入"选项卡，在"网络访问权限"选项区域中选中"通过 NPS 网络策略控制访问"单选按钮，如图 10-41 所示，设置完毕，单击"确定"按钮即可。

图 10-40 "配置设置"对话框

图 10-41 设置通过 NPS 网络策略控制访问

9. 测试客户端能否连接到 VPN 服务器

以本地管理员账户登录到 VPN 客户端计算机 WIN10-1 上，打开 VPN 连接，以用户 administrator@long60.cn 账户连接到 VPN 服务器，此时是按网络策略进行身份验证的，验证成功，连接到 VPN 服务器。如果不成功，而是出现了图 10-42 所示的错误连接提示，请单击"更改适配器选项"选项，在弹出的快捷菜单中选择"VPN 连接"→"属性"→"安全"命令，打开"VPN 连接 属性"对话框，选中"允许使用这些协议"单选按钮，单击"确定"按钮，如图 10-43 所示。完成后，重新启动计算机即可。

图 10-42　错误连接提示　　　　　　　图 10-43　VPN 连接属性

10.4　习　　题

一、填空题

1. VPN 是_____的简称，中文是_____。

2. 一般来说，VPN 使用在以下两种场合：_____、_____。

3. VPN 使用的两种隧道协议是_____和_____。

4. 在 Windows Server 网络操作系统的命令提示符下，可以使用_____命令查看本机的路由表信息。

5. 每个网络策略中都有_____、_____、_____、_____ 4 种类别的属性。

二、简答题

1. 什么是专用地址和公用地址？

2. 简述 VPN 的连接过程。

3. 简述 VPN 的构成及应用场合。

10.5　项目实训　配置与管理 VPN 服务器

一、实训目的

- 掌握远程访问服务的实现方法。
- 掌握 VPN 的实现方法。

二、项目环境

本项目实训根据图 10-1 所示的环境来部署 VPN 服务器。

配置与管理
VPN 服务器

三、项目要求

根据网络拓扑图 10-1,完成如下任务。

(1) 部署架设 VPN 服务器的需求和环境。

(2) 为 VPN 服务器添加第二块网卡。

(3) 安装"路由和远程访问服务"角色。

(4) 配置并启用 VPN 服务。

(5) 停止和启动 VPN 服务。

(6) 配置域用户账户允许 VPN 连接。

(7) 在 VPN 端建立并测试 VPN 连接。

(8) 验证 VPN 连接。

(9) 通过网络策略控制访问 VPN。

四、做一做

根据实训项目视频进行项目的实训,检查学习效果。

项目 11　配置与管理 NAT 服务器

Windows Server 2019 的网络地址转换（network address translation，NAT）让位于内部网络的多台计算机只需要共享一个 Public IP 地址，就可以同时连接 Internet、浏览网页与收发电子邮件。

本项目学习要点

- NAT 的基本概念和基本原理。
- NAT 的工作过程。
- 配置并测试 NAT 服务器的方法。
- 外部网络主机访问内部 Web 服务器的实现方法。
- DHCP 分配器与 DHCP 中继代理的相关知识。

11.1　项目基础知识

11.1.1　NAT 概述

网络地址转换器位于使用专用地址的 Intranet 和使用公用地址的 Internet 之间。从 Intranet 传出的数据包由 NAT 将它们的专用地址转换为公用地址，从 Internet 传入的数据包由 NAT 将它们的公用地址转换为专用地址。这样在内网中计算机使用未注册的专用 IP 地址，而在与外部网络通信时使用注册的公用 IP 地址，大大降低了连接成本。同时 NAT 也起到将内部网络隐藏起来，保护内部网络的作用，因为对外部用户来说只有使用公用 IP 地址的 NAT 是可见的。

NAT 服务器

11.1.2　认识 NAT 的工作过程

NAT 地址转换协议的工作过程主要有以下 4 个步骤。

（1）客户机将数据包发给运行 NAT 的计算机。

（2）NAT 将数据包中的端口号和专用的 IP 地址换成它自己的端口号和公用的 IP 地址，然后将数据包发给外部网络的目的主机，同时记录一个跟踪信息在映像表中，以便向客户机发送回答信息。

（3）外部网络发送回答信息给 NAT。

（4）NAT 将所收到的数据包的端口号和公用 IP 地址转换为客户机的端口号和内部网络使用的专用 IP 地址并转发给客户机。

以上步骤对于网络内部的主机和网络外部的主机都是透明的，对它们来讲就如同直接通信一样，如图 11-1 所示。担当 NAT 的计算机有两块网卡、两个 IP 地址。IP1 为 192.168.0.1，IP2 为 202.162.4.1。

图 11-1　NAT 的工作过程

下面举例来说明。

① 192.168.0.2 用户使用 Web 浏览器连接到 IP 地址为 202.202.163.1 的 Web 服务器，则用户计算机将创建带有下列信息的 IP 数据包。

- 目标 IP 地址：202.202.163.1。
- 源 IP 地址：192.168.0.2。
- 目标端口：TCP 端口 80。
- 源端口：TCP 端口 1350。

② IP 数据包转发到运行 NAT 的计算机上，它将传出的数据包地址转换成下面的形式，用自己的 IP 地址新打包后转发。

- 目标 IP 地址：202.202.163.1。
- 源 IP 地址：202.162.4.1。
- 目标端口：TCP 端口 80。
- 源端口：TCP 端口 2500。

③ NAT 协议在表中保留了 {192.168.0.2，TCP 1350} 到 {202.162.4.1，TCP 2500} 的映射，以便回传。

④ 转发的 IP 数据包是通过 Internet 发送的。Web 服务器响应通过 NAT 协议发回和接收。当接收时，数据包包含下面的公用地址信息。

- 目标 IP 地址：202.162.4.1。
- 源 IP 地址：202.202.163.1。
- 目标端口：TCP 端口 2500。
- 源端口：TCP 端口 80。

⑤ NAT 协议检查转换表，将公用地址映射到专用地址，并将数据包转发给 IP 地址为 192.168.0.2 的计算机。转发的数据包包含以下地址信息。

- 目标 IP 地址：192.168.0.2。
- 源 IP 地址：202.202.163.1。
- 目标端口：TCP 端口 1350。
- 源端口：TCP 端口 80。

说明：对于来自 NAT 协议的传出数据包，源 IP 地址（专用地址）被映射到 ISP 分配的地址（公用地址），并且 TCP/IP 端口号也会被映射到不同的 TCP/IP 端口号。对于到 NAT 协议的传入数据包，目标 IP 地址（公用地址）被映射到源 Internet 地址（专用地址），并且 TCP/UDP 端口号被重新映射回源 TCP/UDP 端口号。

11.2　项目设计与准备

在架设 NAT 服务器之前，读者需要了解 NAT 服务器配置实例部署的需求和实训环境。

1. 部署需求

在部署 NAT 服务前需满足以下要求。

- 设置 NAT 服务器的 TCP/IP 属性，手动指定 IP 地址、子网掩码、默认网关和 DNS 服务器的 IP 地址等。
- 部署域环境，域名为 long60.cn。

2. 部署环境

所有实例都被部署在图 11-2 所示的网络环境下。DNS1、DNS 2、DNS 3、WIN10-1 是 VMware 的虚拟机，网络连接方式如图 11-2 所示。

图 11-2　架设 NAT 服务器网络拓扑图

NAT 服务器主机名为 DNS1，该服务器连接内部局域网网卡的 IP 地址为 192.168.

10.1/24,连接外部网络网卡(WAN)的 IP 地址为 200.200.200.1/24;NAT 客户端主机名为 DNS2,同时也是内部 Web 服务器,其 IP 地址为 192.168.10.2/24,默认网关的 IP 地址为 192.168.10.1;Internet 上的 Web 服务器主机名为 DNS3,IP 地址为 200.200.200.2/24。NAT 客户端 2,即计算机 WIN10-1,本次实训可以不进行配置。

11.3 项目实施

任务 11-1 安装"路由和远程访问"服务器

1. 安装"路由和远程访问服务"角色服务

STEP 1 首先按照图 11-1 所示的网络拓扑图配置各计算机的 IP 地址等参数。

STEP 2 在计算机 DNS1 上通过"服务器管理器"安装"路由和远程访问服务"角色服务,具体步骤参见任务 11-1。注意安装的角色名称是"远程访问"。

2. 配置并启用 NAT 服务

在计算机 DNS1 上通过"路由和远程访问"控制台配置并启用 NAT 服务,具体步骤如下。

(1) 禁用路由和远程访问。以管理员账户登录到需要添加 NAT 服务的计算机 DNS1 上,打开"服务器管理器"窗口,选择"工具"→"路由和远程访问"命令,打开"路由和远程访问"控制台。右击服务器 DNS1,在弹出的快捷菜单中选择"禁用路由和远程访问"命令(清除 VPN 实验的影响)。

(2) 选择网络地址转换(NAT)。右击服务器 DNS1,在弹出的快捷菜单中选择"配置并启用路由和远程访问"命令,打开"路由和远程访问服务器安装向导"对话框,单击"下一步"按钮,出现"配置"对话框,在该对话框中可以配置 NAT、VPN 以及路由服务,在此选中"网络地址转换(NAT)"单选按钮,如图 11-3 所示。

(3) 选择连接到 Internet 的网络接口。单击"下一步"按钮,出现"NAT Internet 连接"对话框,在该对话框中指定连接到 Internet 的网络接口,即 NAT 服务器连接到外部网络的网卡,选中"使用此公共接口连接到 Internet"单选按钮,并选择接口为 Ethernet1,如图 11-4 所示。

(4) 结束 NAT 配置。单击"下一步"按钮,出现"正在完成路由和远程访问服务器安装向导"窗口,最后单击"完成"按钮,即可完成 NAT 服务的配置和启用。

3. 停止 NAT 服务

可以使用"路由和远程访问"控制台停止 NAT 服务,具体步骤如下。

STEP 1 以管理员账户登录到 NAT 服务器上,打开"路由和远程访问"控制台,NAT 服务启用后显示绿色向上标识箭头。

STEP 2 右击服务器,在弹出的快捷菜单中选择"所有任务"→"停止"命令,停止

NAT 服务。

STEP 3 NAT 服务停止以后，显示红色向下标识箭头，表示 NAT 服务已停止。

图 11-3　选择网络地址转换（NAT）

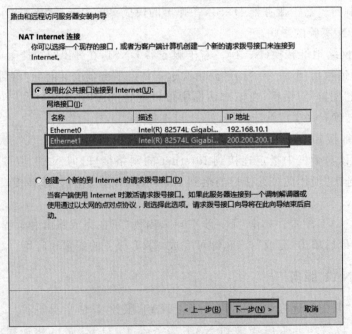

图 11-4　选择连接到 Internet 的网络接口

4. 禁用 NAT 服务

要禁用 NAT 服务,可以使用"路由和远程访问"控制台,具体步骤如下。

STEP 1 以管理员登录到 NAT 服务器上,打开"路由和远程访问"控制台,右击服务器,在弹出的快捷菜单中选择"禁用路由和远程访问"命令。

STEP 2 接着弹出"禁用 NAT 服务警告信息"界面。该信息表示禁用路由和远程访问服务后,如要重新启用路由器,需要重新配置。

STEP 3 禁用路由和远程访问后的控制台界面,显示红色向下标识箭头。

任务 11-2　NAT 客户端计算机配置和测试

配置 NAT 客户端计算机,并测试内部网络和外部网络计算机之间的连通性,步骤如下。

1. 设置 NAT 客户端计算机的网关地址

以管理员账户登录 NAT 客户端计算机 DNS2,打开"Internet 协议版本 4(TCP/IPv4)属性"对话框。设置其"默认网关"的 IP 地址为 NAT 服务器的 LAN 网卡的 IP 地址,在此输入 192.168.10.1,如图 11-5 所示。最后单击"确定"按钮即可。

图 11-5　设置 NAT 客户端的网关地址

2. 测试内部 NAT 客户端与外部网络计算机的连通性

在 NAT 客户端计算机 DNS2 上打开命令提示符界面，测试与 Internet 上的 Web 服务器（DNS3）的连通性，分别执行命令 ping 200.200.200.1、ping 200.200.200.2，如图 11-6 所示，结果显示能连通。

图 11-6　测试 NAT 客户端计算机与外部计算机的连通性

3. 测试外部网络计算机与 NAT 服务器、内部 NAT 客户端的连通性

以本地管理员账户登录到外部网络计算机 DNS3 上，打开命令提示符界面，依次使用命令 ping 200.200.200.1、ping192.168.10.1、ping 192.168.10.2 测试外部计算机 DNS3 与 NAT 服务器外网卡和内网卡以及内部网络计算机的连通性，如图 11-7 所示，除 NAT 服务器外网卡外均不能连通。

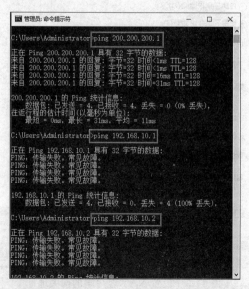

图 11-7　测试外部网络计算机与 NAT 服务器、内部 NAT 客户端的连通性

任务 11-3　外部网络主机访问内部 Web 服务器

要让外部网络的计算机 DNS3 能够访问内部 Web 服务器 DNS2,具体步骤如下。

1. 在内部网络计算机 DNS2 上安装 Web 服务器

如何在 DNS2 上安装 Web 服务器,请参考"配置与管理 Web 服务器"部分。

2. 将内部网络计算机 DNS2 配置成 NAT 客户端

以管理员账户登录 NAT 客户端计算机 DNS2,打开"Internet 协议版本 4(TCP/IPv4)属性"对话框。设置其"默认网关"的 IP 地址为 NAT 服务器的内网网卡(LAN)的 IP 地址,在此输入 192.168.10.1,最后单击"确定"按钮即可。

注意:使用端口映射等功能时,内部网络计算机一定要配置成 NAT 客户端。

3. 设置端口地址转换

STEP 1　以管理员账户登录到 NAT 服务器上,打开"路由和远程访问"控制台,依次展开服务器 DNS1 和 IPv4 节点,单击 NAT 选项,在控制台右侧界面中,右击 NAT 服务器的外网网卡 Ethernet1,在弹出的快捷菜单中选择"属性"命令,如图 11-8 所示,打开"Ethernet1 属性"对话框。

图 11-8　打开"Ethernet1 属性"对话框

STEP 2　在打开的"Ethernet1 属性"对话框中单击图 11-9 所示的"服务和端口"选项卡,在此可以设置将 Internet 用户重定向到内部网络上的服务。

STEP 3　勾选"服务"列表中的"Web 服务器(HTTP)"复选框,打开"编辑服务"对话框,在"专用地址"文本框中输入安装 Web 服务器的内部网络计算机的 IP 地址,在此输入 192.168.10.2,如图 11-10 所示。最后单击"确定"按钮即可。

图 11-9　"服务和端口"选项卡　　　图 11-10　"编辑服务"对话框

STEP 4 返回"服务和端口"选项卡，可以看到已经勾选了"Web 服务器（HTTP）"复选框，然后单击"应用"→"确定"按钮，即可完成端口地址转换的设置。

4. 从外部网络访问内部 Web 服务器

STEP 1 以管理员账户登录到外部网络的计算机 DNS3 上。

STEP 2 打开 IE 浏览器，输入 http://200.200.200.1，会打开内部计算机 DNS2 上的 Web 站点。请读者试一试。

注意：200.200.200.1 是 NAT 服务器外部网卡的 IP 地址。

5. 在 NAT 服务器上查看地址转换信息

STEP 1 以管理员账户登录到 NAT 服务器 DNS1 上，打开"路由和远程访问"控制台，依次展开服务器 DNS1 和 IPv4 节点，单击 NAT 选项，在控制台右侧界面中显示 NAT 服务器正在使用的连接内部网络的网络接口。

STEP 2 右击 Ethernet1 选项，在弹出的快捷菜单中选择"显示映射"命令，打开图 11-11 所示的"DNS1-网络地址转换会话映射表格"对话框。该信息表示 IP 地址为 200.200.200.2 的外部网络计算机访问到 IP 地址为 192.168.10.2 的内部网络计算机的 Web 服务，NAT 服务器将 NAT 服务器外网卡的 IP 地址"200.200.200.1"转换成了内部网络计算机的 IP 地址"192.168.10.2"。

图 11-11　网络地址转换会话映射表格

任务 11-4　配置筛选器

数据包筛选器用于 IP 数据包的过滤。数据包筛选器分为入站筛选器和出站筛选器，分别对应接收到的数据包和发出去的数据包。对某一个接口而言，入站数据包指的是从此接口接收到的数据包，而不论此数据包的源 IP 地址和目的 IP 地址；出站数据包指的是从此接口发出的数据包，而不论此数据包的源 IP 地址和目的 IP 地址。

可以在入站筛选器和出站筛选器中定义 NAT 服务器只是允许筛选器中所定义的 IP 数据包或者允许除了筛选器中定义的 IP 数据包外的所有数据包。对于没有允许的数据包，NAT 服务器默认会将此数据包丢弃。

任务 11-5　设置 NAT 客户端

前面已经实践过设置 NAT 客户端了，在这总结一下。局域网 NAT 客户端只要修改 TCP/IP 的设置即可。可以选择以下两种设置方式。

1. 自动获得 TCP/IP

此时客户端会自动向 NAT 服务器或 DHCP 服务器请求获取 IP 地址、默认网关、DNS 服务器的 IP 地址等参数。

2. 手动设置 TCP/IP

手动设置 IP 地址要求客户端的 IP 地址必须与 NAT 局域网接口的 IP 地址在相同的网段内，也就是网络 ID 必须相同。默认网关必须设置为 NAT 局域网接口的 IP 地址，本例中为 192.168.10.1。首选 DNS 服务器可以设置为 NAT 局域网接口的 IP 地址，或是任何一台合法的 DNS 服务器的 IP 地址。

完成后，客户端的用户只要上网、收发电子邮件、连接 FTP 服务器等，NAT 就会自动通过 PPPoE 请求拨号来连接 Internet。

任务 11-6　配置 DHCP 分配器与 DNS 代理

NAT 服务器另外还具备以下两个功能。
- DHCP 分配器（dhcp allocator）：用来分配 IP 地址给内部的局域网客户端计算机。

- DNS 代理（DNS proxy）：可以替局域网内的计算机来查询 IP 地址。

1. DHCP 分配器

DHCP 分配器扮演着类似 DHCP 服务器的角色，用来给内部网络的客户端分配 IP 地址。若要修改 DHCP 分配器的设置，展开 IPv4 节点，单击 NAT 选项，单击上方的属性图标，在弹出的"NAT 属性"对话框中，单击"地址分配"选项卡，如图 11-12 所示。

图 11-12 "NAT 属性"对话框

注意：在配置 NAT 服务器时，若系统检测到内部网络上有 DHCP 服务器，就不会自动启动 DHCP 分配器。

图 11-12 中 DHCP 分配器分配给客户端的 IP 地址的网络标识符为 192.168.10.0，这个默认值是根据 NAT 服务器内网卡的 IP 地址（192.168.10.1）产生的。可以修改此默认值，不过必须与 NAT 服务器内网卡的 IP 地址一致，也就是网络 ID 需相同。

若内部网络内某些计算机的 IP 地址是手动输入的，且这些 IP 地址位于上述 IP 地址范围内，则通过界面中的"排除"按钮来将这些 IP 地址排除，以免这些 IP 地址被发放给其他客户端计算机。

若内部网络包含多个子网或 NAT 服务器拥有多个专用网接口，由于 NAT 服务器的 DHCP 分配器只能够分配一个网段的 IP 地址，因此其他网络内的计算机的 IP 地址需手动设置或另外通过其他 DHCP 服务器来分配。

2. DNS 中继代理

当内部计算机需要查询主机的 IP 地址时，它们可以将查询请求发送到 NAT 服务器，然后由 NAT 服务器的 DNS 中继代理（DNS proxy）来替它们查询 IP 地址。可以通过图 11-13 中的"名称解析"选项卡来启动或修改 DNS 中继代理的设置，勾选"使用域名系统（DNS）的客户端"复选框，表示要启用 DNS 中继代理的功能，以后只要客户端要查询主机的 IP 地址时（这些主机可能位于 Internet 或内部网络），NAT 服务器就可以代替客户端来向 DNS 服务器查询。

NAT 服务器会向哪一台 DNS 服务器查询呢？它会向其 TCP/IP 配置处的首选

图 11-13 "名称解析"选项卡

DNS 服务器（备用 DNS 服务器）来查询。若此 DNS 服务器位于 Internet 内，而且 NAT
服务器是通过 PPPoE 请求拨号来连接 Internet 的，则勾选图 11-13 中的"当名称需要解
析时连接到公用网络"复选框，以便让 NAT 服务器可以自动利用 PPPoE 请求拨号（如
HiNet）来连接 Internet。

11.4 习　　题

一、填空题

1. NAT 是_____的简称，中文是_____。

2. NAT 位于使用专用地址的_____和使用公用地址的_____之间。从
Intranet 传出的数据包由 NAT 将它们的_____地址转换为_____地址。从 Internet
传入的数据包由 NAT 将它们的_____地址转换为_____地址。

3. NAT 也起到将_____网络隐藏起来，保护_____网络的作用，因为对外部用
户来说只有使用_____地址的 NAT 是可见的。

4. NAT 让位于内部网络的多台计算机只需要共享一个 Public IP 地址，就可以同时
连接 Internet、浏览网页与收发电子邮件。

二、简答题

1. NAT 的功能是什么？

2.简述地址转换的原理,即 NAT 的工作过程。

3.下列不同技术有何异同?（可参考课程网站上的补充资料）

①NAT 与路由;②NAT 与代理服务器;③NAT 与 Internet 共享。

11.5　项目实训　配置与管理 NAT 服务器

一、实训目的

配置与管理
NAT 服务器

- 掌握使局域网内部的计算机连接到 Internet 的方法。
- 掌握使用 NAT 实现网络互连的方法。
- 掌握远程访问服务的实现方法。

二、项目环境

本项目实训根据图 11-2 所示的环境来部署 NAT 服务器。

三、项目要求

根据网络拓扑图 11-2,完成如下任务。

(1) 部署架设 NAT 服务器的需求和环境。

(2) 安装"路由和远程访问服务"角色服务。

(3) 配置并启用 NAT 服务。

(4) 停止 NAT 服务。

(5) 禁用 NAT 服务。

(6) 配置并测试 NAT 客户端计算机。

(7) 使用外部网络主机访问内部 Web 服务器。

(8) 配置筛选器。

(9) 设置 NAT 客户端。

(10) 配置 DHCP 分配器与 DNS 中继代理。

四、做一做

根据实训项目视频进行项目的实训,检查学习效果。

参 考 文 献

[1] 杨云. 网络服务器搭建、配置与管理——Windows Server[M]. 2 版. 北京：清华大学出版社，2015.

[2] 杨云. 网络服务器配置与管理项目教程（Windows & Linux）[M]. 北京：清华大学出版社，2015.

[3] 杨云. 计算机网络项目实训教程[M]. 北京：清华大学出版社，2014.

[4] 杨云. Windows Server 2012 网络操作系统项目教程[M]. 4 版. 北京：人民邮电出版社，2016.

[5] 杨云. Windows Server 2008 组网技术与实训[M]. 3 版. 北京：人民邮电出版社，2015.

[6] 杨云. Windows Server 2008 网络操作系统项目教程[M]. 3 版. 北京：人民邮电出版社，2015.

[7] 杨云. Windows Server 2003 组网技术与实训[M]. 2 版. 北京：人民邮电出版社，2012.